漫畫版

怦然心動的人生整理魔法

konmari

近藤麻理惠

漫 畫★ウラモトユウコ

想整理環境，卻不懂得該怎麼整理。
不過，別擔心。
你也能變得像這本漫畫的主角一樣。

人生整理魔法

鄰居

住在千秋隔壁的帥哥。在咖啡廳的廚房工作，是個會做飯的男生，很愛乾淨。

CONTENTS

漫畫版 怦然心動的

登場角色介紹♪

鈴木千秋

29歲的單身上班族，目前沒有男友。由於性格容易墜入愛河又容易厭倦，所以苦惱於戀情總是無法維持。

近藤麻理惠

整理諮詢顧問。暱稱「konmari小姐」。會面露可愛的笑容給予學員徹底的整理指導。

千秋房間的平面圖♪

1話 下定決心整理

今天辛苦您了！
那我們也要走了。
千秋小姐是往反方向？
是的，我去對面招計程車。
司機先生，下個紅綠燈右轉。
我在那棟公寓前面下車。
…呼。
喀擦喀擦

我回來了～
除菌

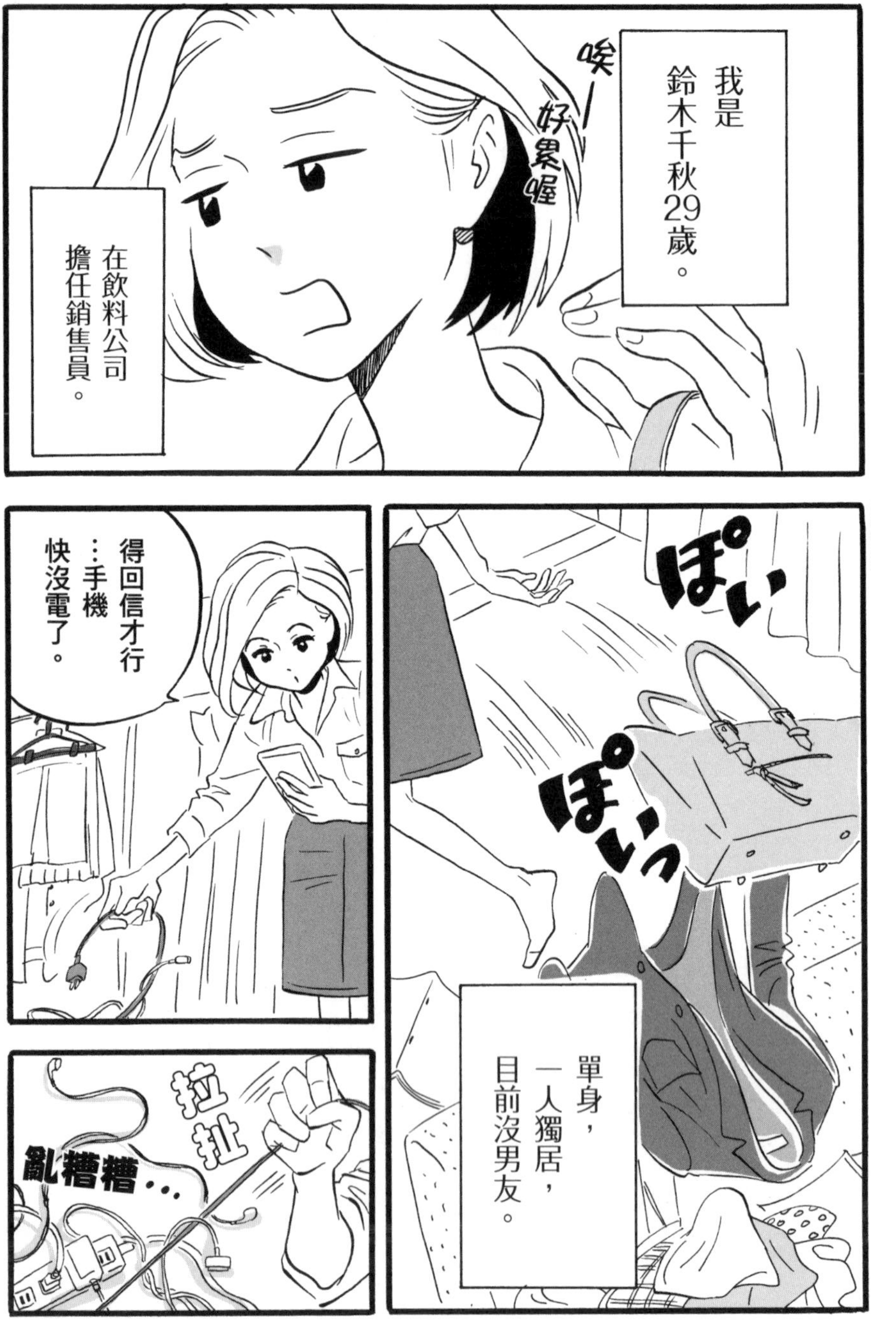

我是鈴木千秋29歲。
唉—好累喔
在飲料公司擔任銷售員。
ぽい
ぽいっ
※胡亂扔
單身，一人獨居，目前沒男友。
得回信才行…手機快沒電了。
拉扯
亂糟糟…

嗯～
今天非常感謝您……
刺
好痛！
真是的～
是誰把東西丟在這裡的！
哪天回收可燃垃圾？
50%
PIZZA
OPEN
資源
可燃
可燃 2·4
特瓶 1·3
是後天啊……
總之，先暫時放到陽台吧。

啊～上週的也還沒倒。
後天可不能再忘記了。
呼
總之，暫時收拾好了。
拍
拍
咦？隱形眼鏡的盒蓋不見了。
算了，再開一盒新的。
扯下
洗個澡睡覺吧。

呼
明天上午有一場會議…
咦？資料放到哪裡去了？
叮咚
咦？是我家的門鈴？
叮咚

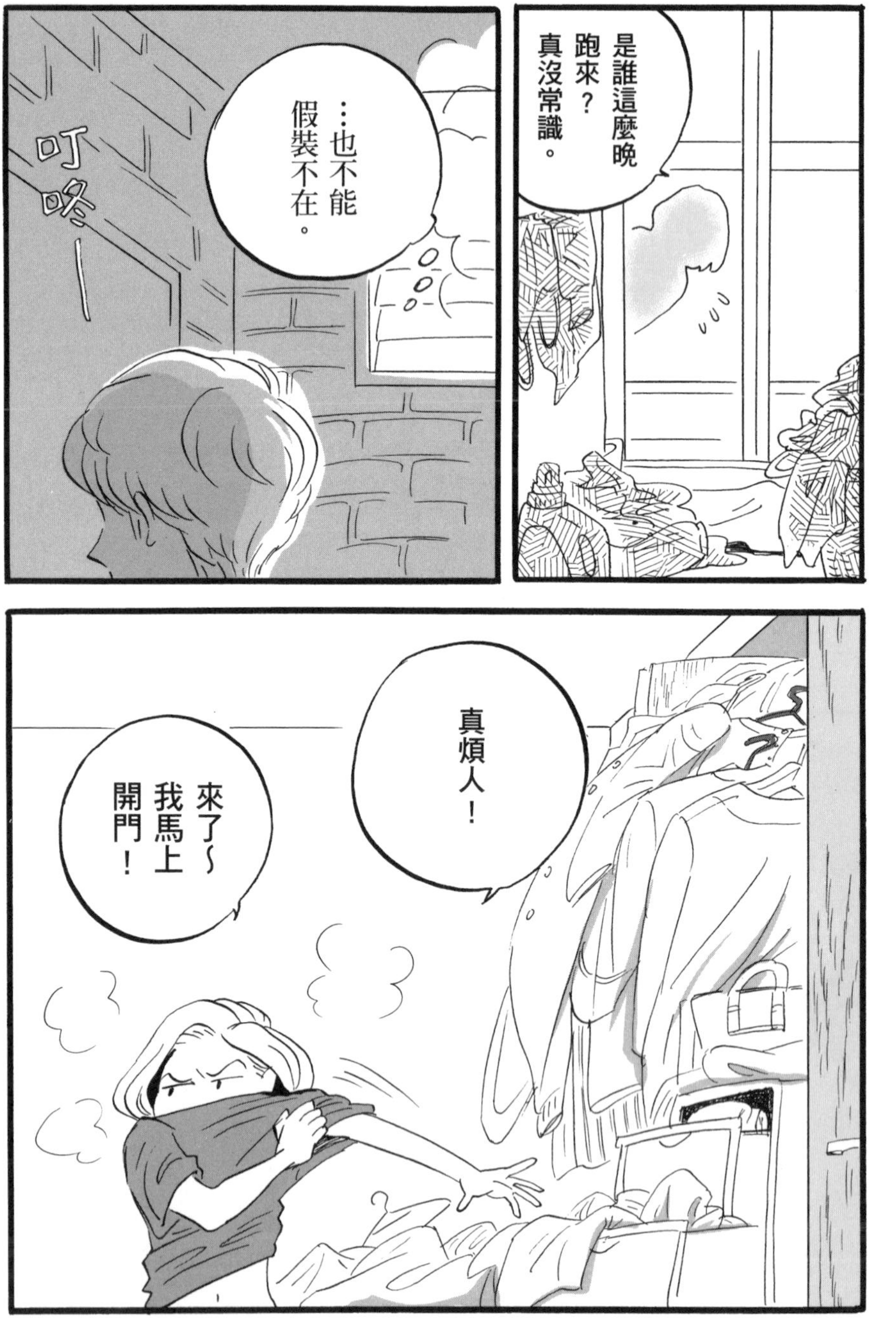
是誰這麼晚跑來？真沒常識。
…也不能假裝不在。
叮咚～～
真煩人！
來了～我馬上開門！

來了來了
來了。
是誰啊？
哎呀！
等一下…
長得好帥!?不，隔著貓眼不能確定。
我這就開門！
來了～
不好意思，深夜打擾了。

我是隔壁住戶…
那個，我剛好正在換衣服。
請稍待一會。
糟糕！真的長得好帥！
這種帥哥居然住在隔壁！
討厭～現在沒化妝！起碼換件像樣點的衣服…
拉扯
打滑
摔倒
啊—！！
喀啦
砰—
咦！
發生什麼事了!?
我開門了！

啊…

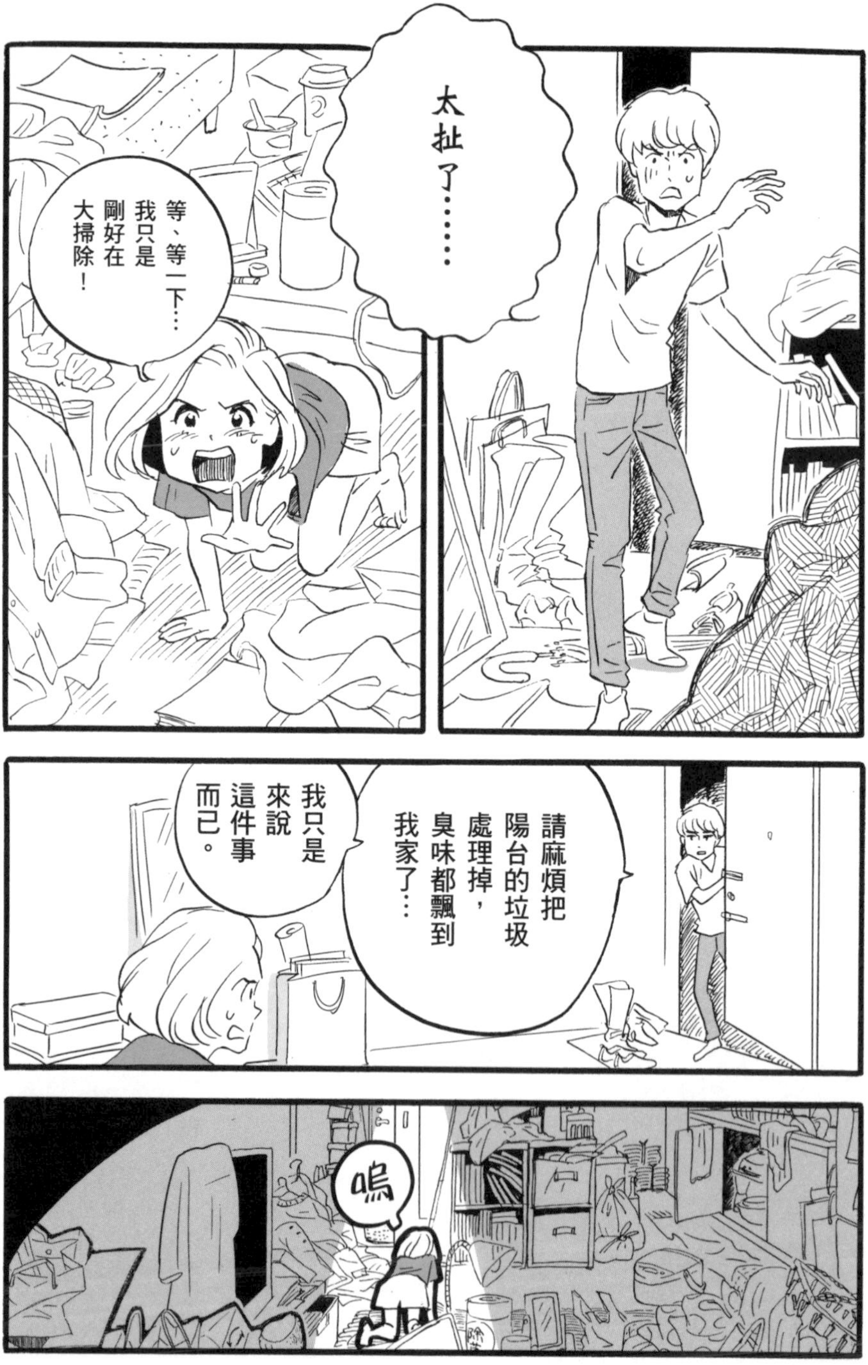
太扯了……
等、等一下…
我只是
剛好在
大掃除！
請麻煩把
陽台的垃圾
處理掉，
臭味都飄到
我家了…
我只是
來說
這件事
而已。
嗚

居然說「太扯了」…
真沒禮貌！只不過是長得有點帥就自以為了不起!?
這根本一點都不扯！就是現實啊！
現實…
這是現實…
從什麼時候家裡開始變成這樣的…

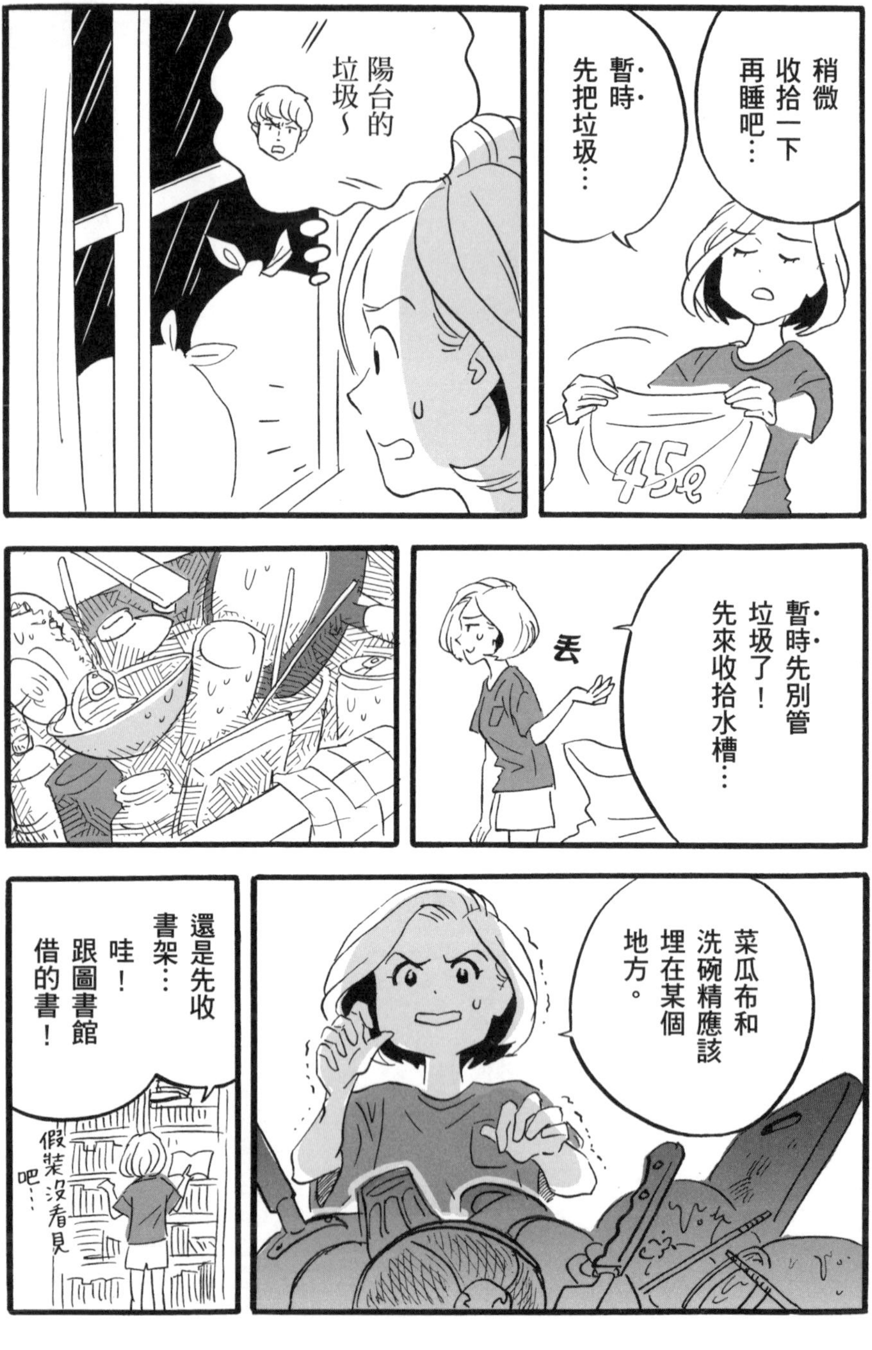
稍微收拾一下再睡吧……
暫時先把垃圾……
45ℓ
陽台的垃圾～
丟
暫時先別管垃圾了！先來收拾水槽……
菜瓜布和洗碗精應該埋在某個地方。
還是先收書架……
哇！跟圖書館借的書！
假裝沒看見吧……

奇怪…
該怎麼整理環境？
我做不到。
嗚嗚
每天都很忙，天生又是不會整理的性格。
哼，世界上多得是比我更不會整理的人。
看看別人髒亂房間的照片安安心。
整理
整理konmari
整理收納
嗯？
「konmari」…？
那是我和「konmari」近藤麻理惠小姐相遇的開端。

雖然衝動報名了整理課程，
但是找陌生人來收拾房間沒問題嗎⋯
會來幾個工作人員？
茶水夠喝嗎？
心神不寧
午安。
千秋小姐對吧。
我是「konmari」近藤麻理惠。
初、初次見面。
咦！就是她!?像妖精般的女孩。
只有一個人!?
那馬上來看看房間吧。
咦!?現在!?我還沒準備⋯

抱歉，房間非常散亂不堪。
我知道！所以妳才會報名吧。
原來如此，的確很驚人。
不過之後再也看不見這種景象了。
因為我的整理魔法是
讓學會的人「絕不故態復萌」！

我辦不到？

絕對沒有這種事。

任何人都能學會整理。

「整理有九成取決於心態」。整理訣竅當然也很重要，但僅僅學習這些訣竅，之後故態復萌的可能性也很高。

接下來要開始的整理，並非單純的「把房間收拾整齊」，或是在「有客人來訪時暫時看起來乾淨」而做的整理。

這是用來改變你的人生，「使人生怦然心動」而做的整理。

首先請堅定地相信，「我一定會成為懂得整理的人」。

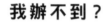

2話

思考理想的生活

請自己挑喜歡的飲料。
我去隔壁房間換個衣服。
茶
100%
劃
呼
原來如此。
讓妳久等了～！

好了～要從哪裡開始收拾？
還是兩個人分頭整理比較好？

啊！konmari小姐也要更衣嗎？
千秋小姐，請妳冷靜。
我們先來喝杯茶吧？
這台咖啡機真不錯。
是…
這裡不也有漂亮的杯子嗎？
撈出
妳喜歡咖啡啊。
COFFEE
哎呀，有段時間很著迷。

看來妳的興趣很廣泛呢。
咦？
滑雪板、黑膠唱片、
潛水衣、編織用品…
溜冰和塑膠模型…
這個是手抄經文…
飄
呃～與其說是我的興趣……

其實
是前男友
或者
是曖昧對象的興趣。
妳很容易墜入愛河呢。
雖然談過很多次戀愛，
但是不知為何都不長久…
專心投入某件事的男人不是很帥嗎！
我總是會馬上喜歡上這種人。
因為想要更加了解對方，更加接近對方，於是，自己也接觸相同的興趣。

分手後就成了傷心的回憶，所以放棄了那樣興趣…
沒錯！
嗯嗯
不過，我投資了不少錢，丟掉也太可惜了。
我打算等到情傷過去再繼續投入興趣，所以留下了用具。
妳曾經在這裡教人怎麼泡咖啡嗎？
怎麼可能！辦不到辦不到！
房間這麼亂哪有可能讓別人看到！形象會幻滅的！
那麼招待男友或朋友來這個房間玩…
從來沒有！

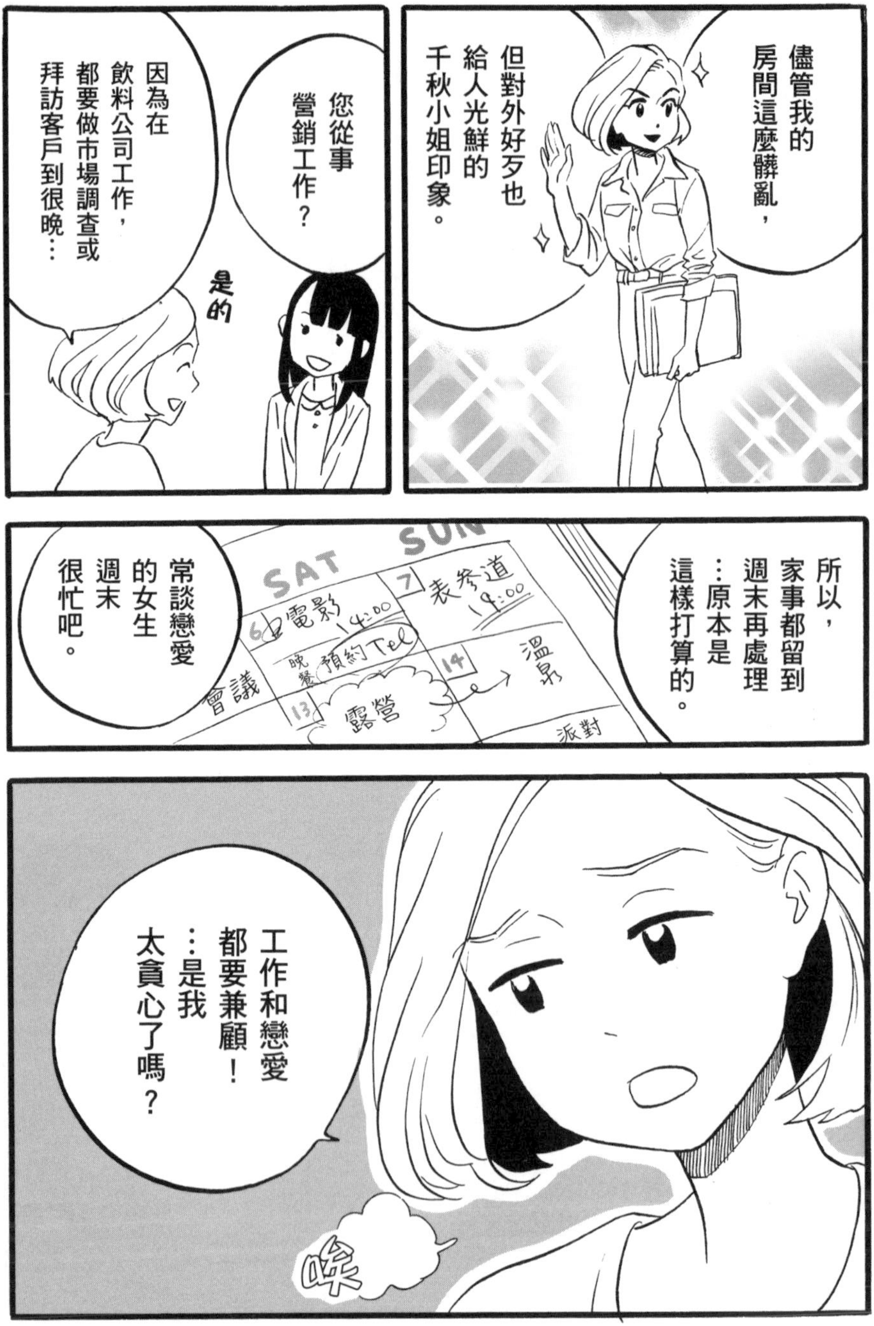

儘管我的房間這麼髒亂，
但對外好歹也給人光鮮的千秋小姐印象。
您從事營銷工作？
是的
因為在飲料公司工作，都要做市場調查或拜訪客戶到很晚……
所以，家事都留到週末再處理…原本是這樣打算的。
SAT
SUN
6 電影 14:00
7 表參道 18:00
晚餐 預約Tel
會議
13 露營
14 溫泉
派對
常談戀愛的女生週末很忙吧。
工作和戀愛都要兼顧！…是我太貪心了嗎？
唉

不、不好意思！弄得好像在商量我的戀愛煩惱一樣！
我們開始整理吧！
微笑
微笑
啊
保留這種紀念品不好對吧！
抬起
等一下！
紀念品最後再收！
那不是整理新手一開始該處理的東西！
好、好的，那今天要從哪裡開始整理？
今天的課程就先上到這裡吧。
咦！

可是什麼都還沒開始耶!?
在下次上課前，我要出一道作業給妳。
好的…！是從哪裡開始整理嗎？
心跳加速
不，我會問妳一個問題，請妳思考答案。
「千秋小姐想在這裡過什麼樣的生活呢？」
在這個房間…？
呃～「想住在整理乾淨的房間」。
這點當然沒問題！這個房間一定會變乾淨！
嗚…真的嗎…？我真的是個不會整理的女人…。

千秋小姐，妳過去曾學習過怎麼整理嗎？
搖頭
我覺得以前沒學過正確的整理方法，所以說，
無論是誰，「不會整理」都是理所當然的。
和我一起學習實踐正確的整理方式的話，任何人都能脫離「不會整理地獄」……。
垃圾山
衣服沼澤
我希望妳思考的是整理完之後的未來。
整理能夠戲劇化地改變人生！
妳希望怎麼改變呢？
那麼下次見。
請您好好思考作業喔。
整理是那之後的事。

嗯——
作業嗎…
啊！
啊！
垃圾我已經拿去丟掉了。
或許是我多管閒事，但妳最好稍微收拾下房間…
不、不必你說我也知道…！

我從今天起可是請了整理課程的老師來指導！
哼哼
整理課程…？
不！因為才剛剛開始！
……其實…
我本來想像來的人會是個強壯的搬家人員，
結果出現的卻是妖精般的女孩…
今天的課程只是聊聊天然後出了個「思考理想生活」的作業給我就結束了…

上那種課真的能夠整理好那個房間嗎？
對啊，光是思考理想生活…
咦…我好像肚子餓了。
啊，大概是因為我正在做飯？
咦～！真虧你能用那麼小的廚房做飯！
…？廚房的大小就是一般的大小啊。
難不成你那邊的設備和我家不同？
等一下！太危險了！
手滑
啊！
跌落
痛
好重！

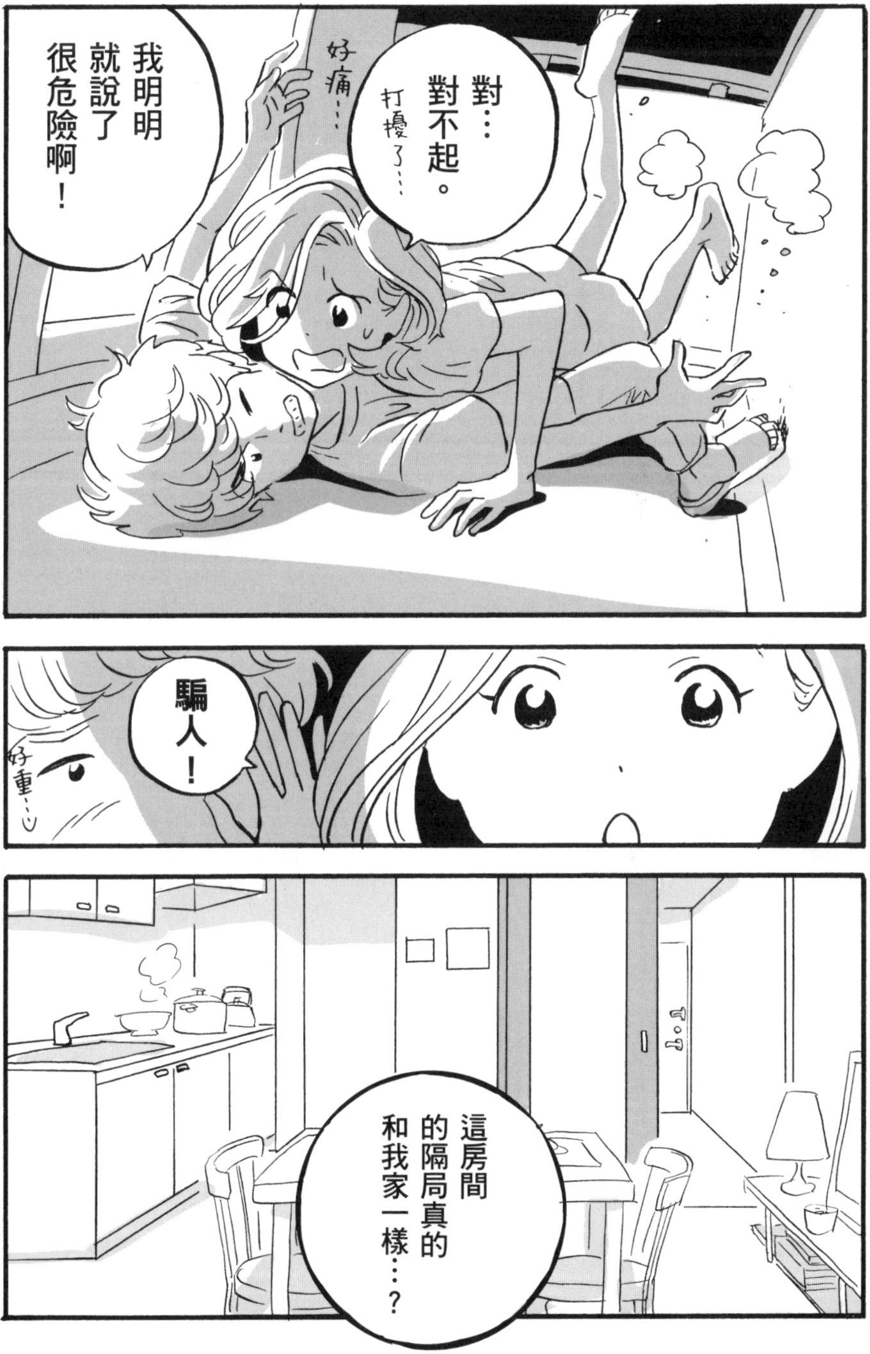
對……對不起。
打擾了……
好痛……
我明明就說了很危險啊！
騙人！
好重……
這房間的隔局真的和我家一樣……？

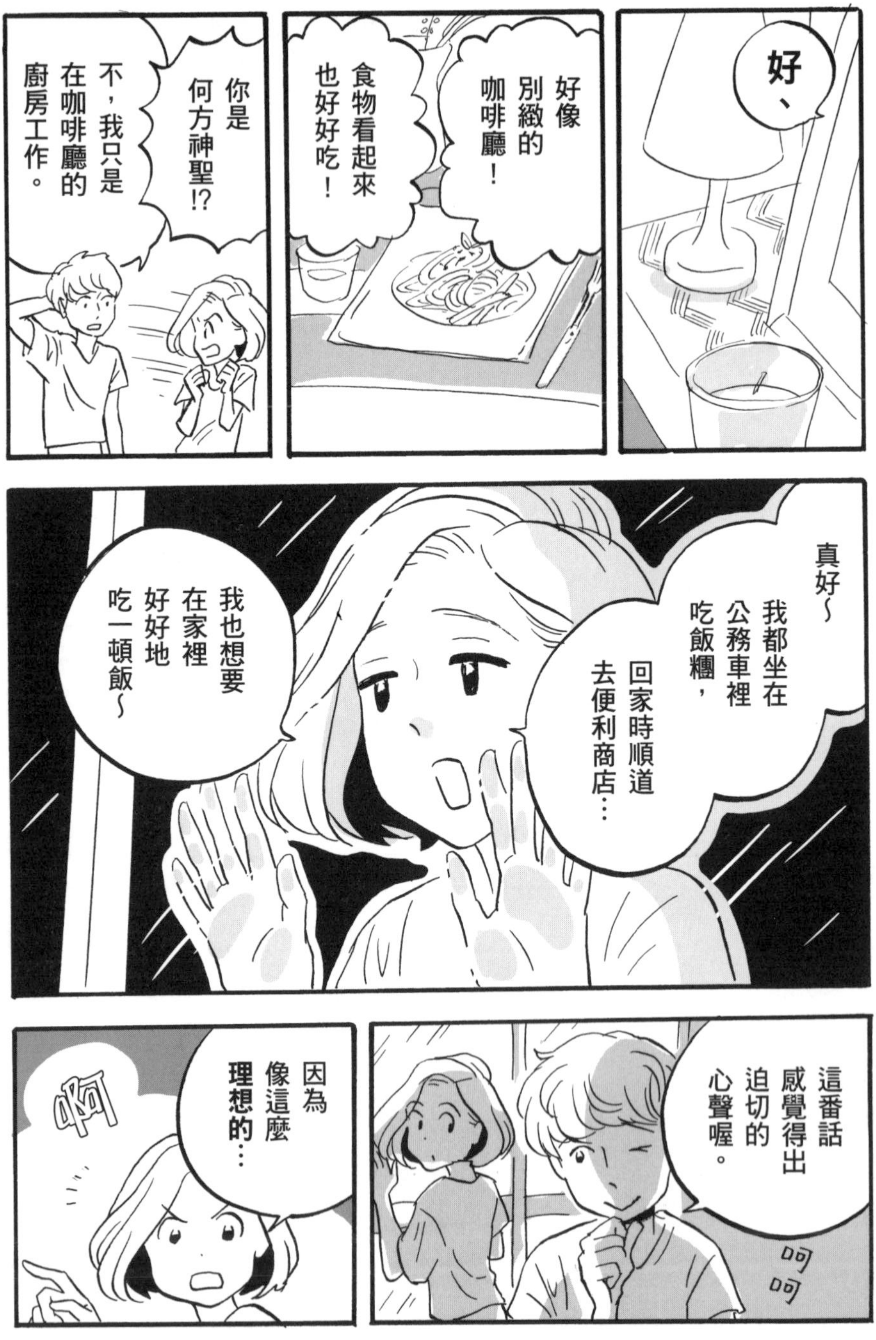
好、
好像別緻的咖啡廳！
食物看起來也好好吃！
你是何方神聖!?
不，我只是在咖啡廳的廚房工作。
真好～我都坐在公務車裡吃飯糰，回家時順道去便利商店…
我也想要在家裡好好地吃一頓飯～
這番話感覺得出迫切的心聲喔。
呵呵
因為像這麼理想的…
啊

謝謝！托你的福我知道答案了！
打擾了!!
就說很危險啦!!
難得來了，應該要吃個飯再走的。
這種理想生活的目標，好像太純樸了？
真期待下一堂課的內容！
Q 理想的生活??
在家裡烹調料理，然後吃掉!!
精緻

一切都從
思考「理想的生活」
開始做起。

請試著思考「理想的生活」，你想在什麼樣的房子裡，度過什麼樣的生活？

擅長畫圖的人可以畫畫，也可以在筆記本上用文字呈現。

我也推薦大家從居家雜誌上，剪下喜歡的照片。

思考「理想的生活」這件事，會讓我們去思索自己為什麼想要整理環境，在整理完畢後想過著什麼樣的人生……這些問題。

整理這個行動對於人生而言，就是如此重大的轉折點。

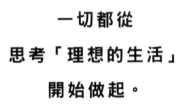

3話

先做完「丟掉」這件事

那麼，重新請教。
千秋小姐的理想生活是什麼樣子？
「在家裡烹調精緻料理，然後吃掉。」
……像這樣的生活。
具體來說是怎樣的生活呢？
具體……？呃……
比方說……下班回家
……不，在回家路上買當令食材，
啊，桌上也要擺放鮮花。

打開大門…
打擾了
喀嚓
換上漂亮的居家服，而非睡衣，
邊聽音樂邊進行料理的準備…
現實
馬上沖澡
睡衣
我想要個漂亮的花瓶。
對了，還要配合菜色更換餐桌和桌布。
來頓燭光晚餐也不錯。
也開瓶紅酒來喝吧。
啊，前陣子買的開瓶器就放在這附近…

……我真的有辦法過那樣的生活嗎？
除菌

當然！
只要學會正確的整理方法，誰都做得到！
呼
聽konmari小姐這麼一說，我就覺得做得到，真不可思議。
那馬上來整理吧！
等一下！
我明白妳焦急的心情，但還是讓我們更仔細地進行吧。
千秋小姐，
為何
想過這種生活呢？
理想的生活？
在家裡烹調料理，然後
咦！
「為何」？
因為…我覺得必須好好吃飯…
為何？

妳…不吃飯嗎？
我、我會吃！
好可憐…
要吃糖果嗎？
不過總是在外面吃或者吃便當…
メロン
NOODLE
COFFEE
我覺得這樣不太好。
為何？
為什麼？為何呢？
嗚…別用那麼純真的眼神問我…
呃～要說為何覺得不好…
工作忙碌到總是「因為有空就吃」、「因為很近就吃」，

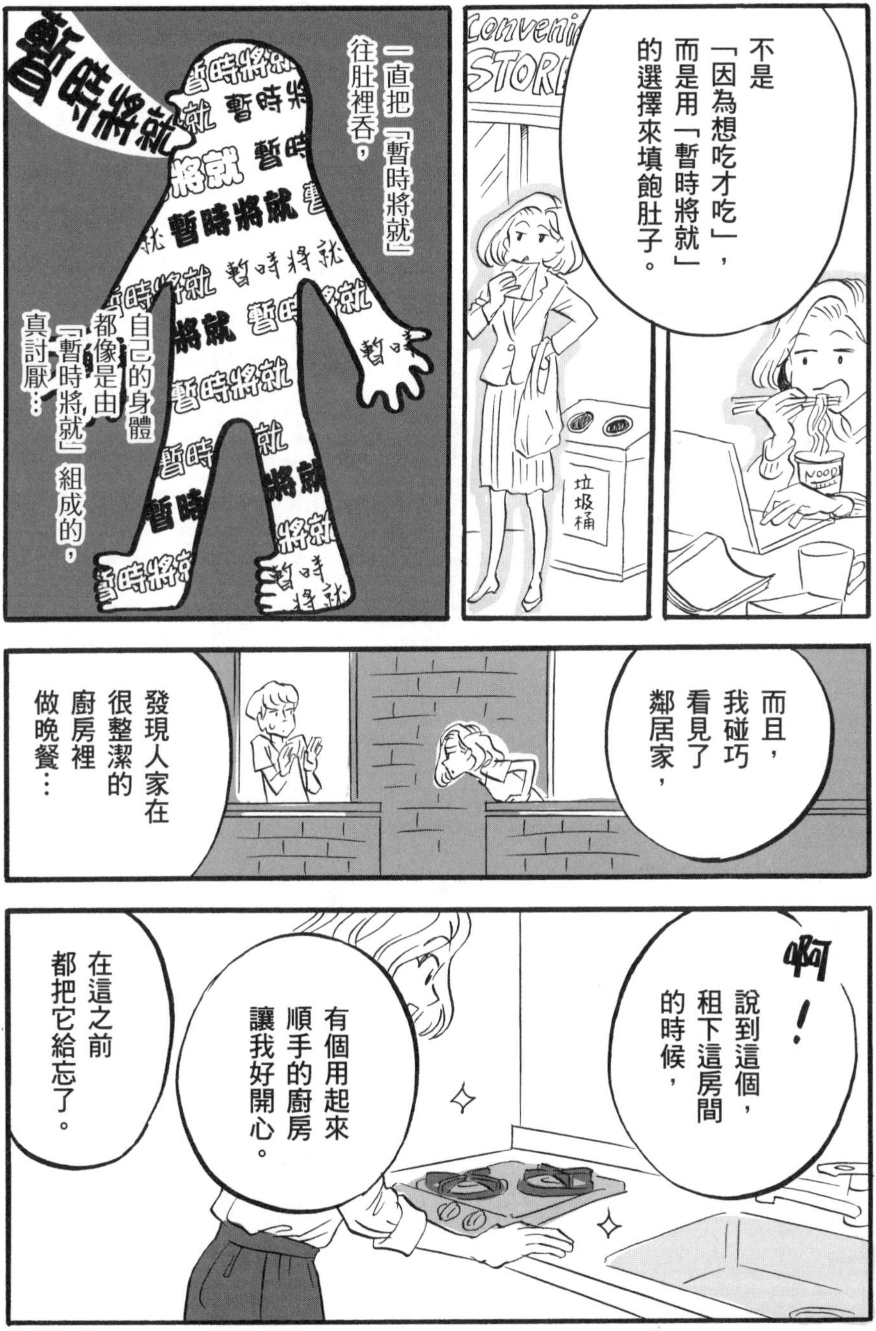

Convenience STORE
不是「因為想吃才吃」，而是用「暫時將就」的選擇來填飽肚子。
垃圾桶
NOODLE
暫時將就
一直把「暫時將就」往肚裡吞，
自己的身體都像是由「暫時將就」組成的，真討厭……
而且，我碰巧看見了鄰居家，
發現人家在很整潔的廚房裡做晚餐……
啊！
說到這個，租下這房間的時候，
有個用起來順手的廚房讓我好開心。
在這之前都把它給忘了。

請問！這些事和整理有關係嗎？
關係可大了！
「為何要整理？」探討思考這個問題的步驟非常重要。
透過反覆詢問「為何？」，也讓我釐清千秋小姐的幸福概念。
我的幸福概念……
幸福…喜歡的事…對了。

對了，我明明是喜歡飲食而選擇進飲料公司工作，
卻不知道從什麼時候開始疏忽了進食這件事。
這樣終於可以進入下一個分辨事物的步驟了！
終於！
我的幸福房間打造計劃要開始了嗎！
麻煩請等一下！
來！我全都準備好了！要用哪一款都可以！
空隙專用架
便利收納
折疊袋
收納BOX
3組裝

…就覺得東西比起上一次還要多，
原來是妳跑去購買了這些產品啊…
我坦白跟妳說吧。
收納法無法解決整理問題！
要先從丟掉東西開始做起！
收納法總歸只是臨時抱佛腳的解決方法！
除菌
是、是…

順便一提，我也買齊了2人份的清掃用具。
我是不會參與整理的。
我只負責指導整理方法
打一擊
本來有點期待…
在整理之前
亂七八糟
先丟棄…
呃～那該丟掉什麼…
很簡單。把不會怦然心動的東西丟掉。
除

咦？
妳剛剛說…
「怦然心動」！
※怦然心動
怦然心動…？
還真是模糊的標準啊…
TOKIMEKI
比方說，妳瞧…
？
翻找
翻找

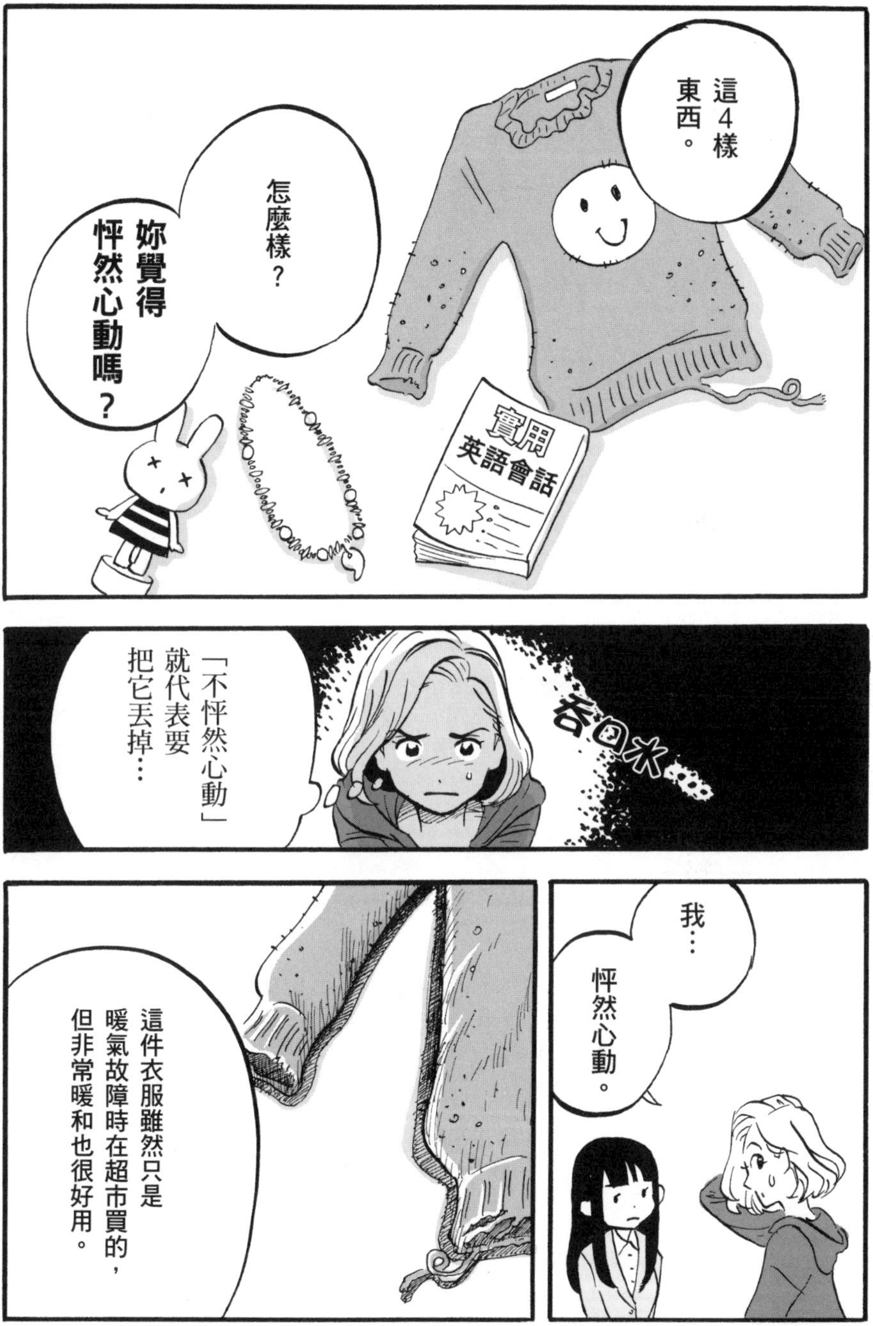
這4樣東西。
怎麼樣？妳覺得怦然心動嗎？
實用英語會話
「不怦然心動」就代表要把它丟掉⋯
我⋯怦然心動。
這件衣服雖然只是暖氣故障時在超市買的，但非常暖和也很好用。

這本書是用來學習英語會話的…
實用英語會話
一天就能流暢
任何人
啊，這是親戚家的叔叔送給我的項鍊。
這是以前喜歡的樂團出的週邊，在網路上能賣到很高的價錢。
原來如此。
不過那和
怦然心動有些不同。
認真地說，東西除了物體本身的價值外，
還有3種價值。

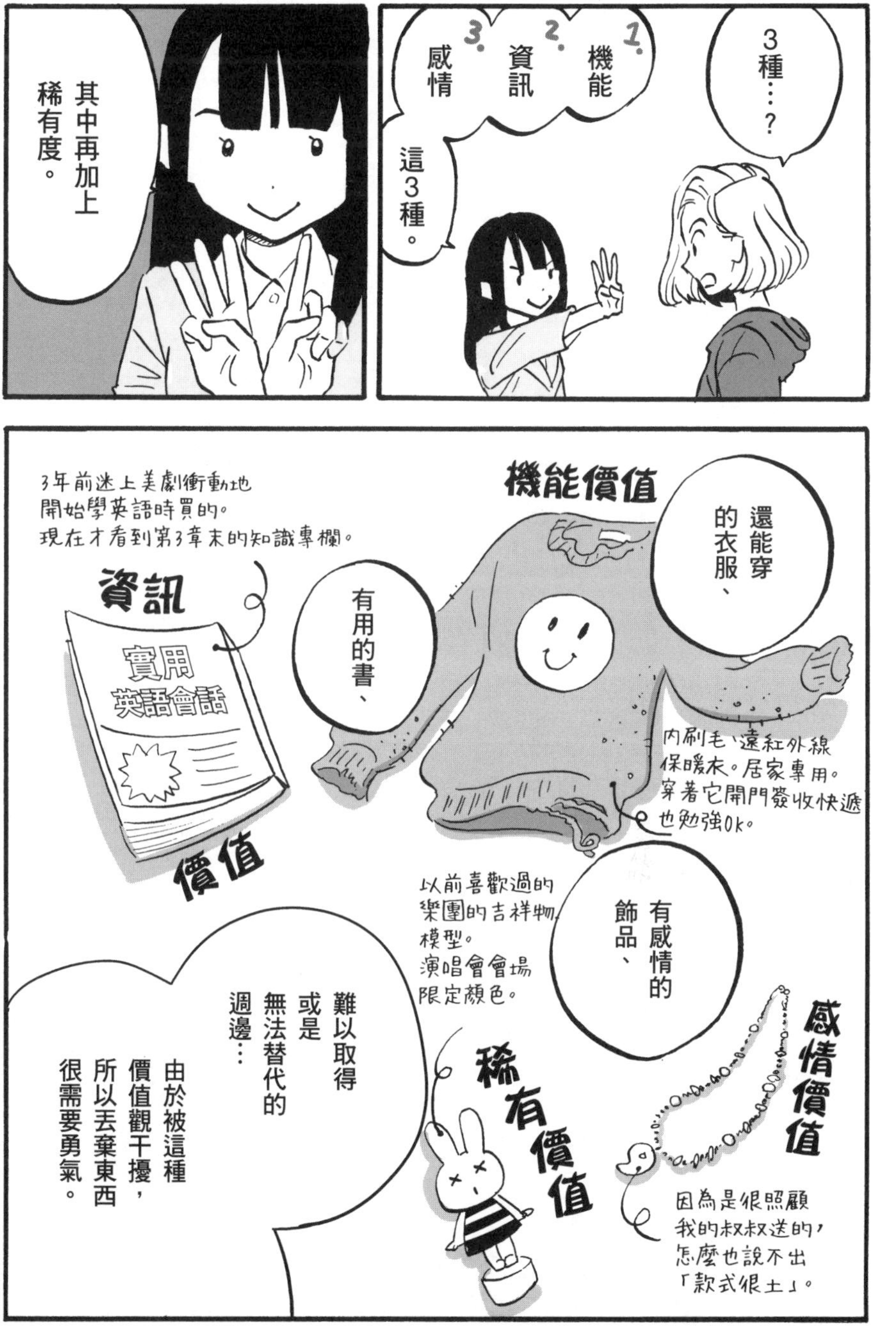
3種…？
1. 機能 2. 資訊 3. 感情 這3種。
其中再加上稀有度。
還能穿的衣服、
機能價值
有用的書、
資訊價值
3年前迷上美劇衝動地開始學英語時買的。現在才看到第3章末的知識專欄。
實用英語會話
內刷毛、遠紅外線保暖衣。居家專用。穿著它開門簽收快遞也勉強OK。
有感情的飾品、
以前喜歡過的樂團的吉祥物模型。演唱會會場限定顏色。
感情價值
因為是很照顧我的叔叔送的，怎麼也說不出「款式很土」。
稀有價值
難以取得或是無法替代的週邊…
由於被這種價值觀干擾，所以丟棄東西很需要勇氣。

我是為了機能價值穿這件衣服的嗎……
沒錯，像這樣拿起來就對了！
拿起來摸摸看。
怎麼樣？比剛才更能理解怦然心動的感覺吧？
起毛球了~
對了，衣服觸感很廉價…
好了，穿著不覺得怦然心動的衣服幸福嗎？
被堆著沒看、不覺得怦然心動的書包圍感覺幸福嗎？
保留著絕對不會配戴的飾品，幸福的時間會到來嗎？

丟棄東西
反過來說就是挑選
要保留東西的作業。
只留下
令妳怦然心動
的東西。
剩下的
全試著
毅然丟棄！
※怦然心動
怦、
怦然心動？
妳過往的人生
會從那瞬間起
被重置。
人生一定會
迎向新的
開始。
怦然……
心動……
怦然心動……？
心動……？
妳會漸漸
了解的。
呵呵
其實挑選
保留的東西是
有難度差異的。
讓我們
從難度最低的
類別著手吧！

先做完「丟棄」這件事。
不過，這不是選擇「要丟棄的東西」，
而是選擇「要保留的東西」。

當「如何選擇要丟棄的東西」成為主題時，整理的焦點就會大幅偏離。

關於挑選東西的基準，我個人做出的結論是——

「在觸摸時，會不會怦然心動？」

把東西逐一拿在手上，留下會怦然心動的東西，丟棄不覺得怦然心動的東西。這是分辨東西要丟棄與否，非常簡單又正確的方法。

無論房間或是私人物品，本來都是為了「讓自己幸福」而存在的。

所以，在分辨東西該保留還是丟棄時，應該用「拿在手上是否感到幸福？」，也就是「拿在手上是否怦然心動？」作為判斷基準。

4話

以正確的順序按「物品類別」整理

衣服一般來說稀有度低，種類也很明確，
判斷該保留還是丟掉的難度較低。

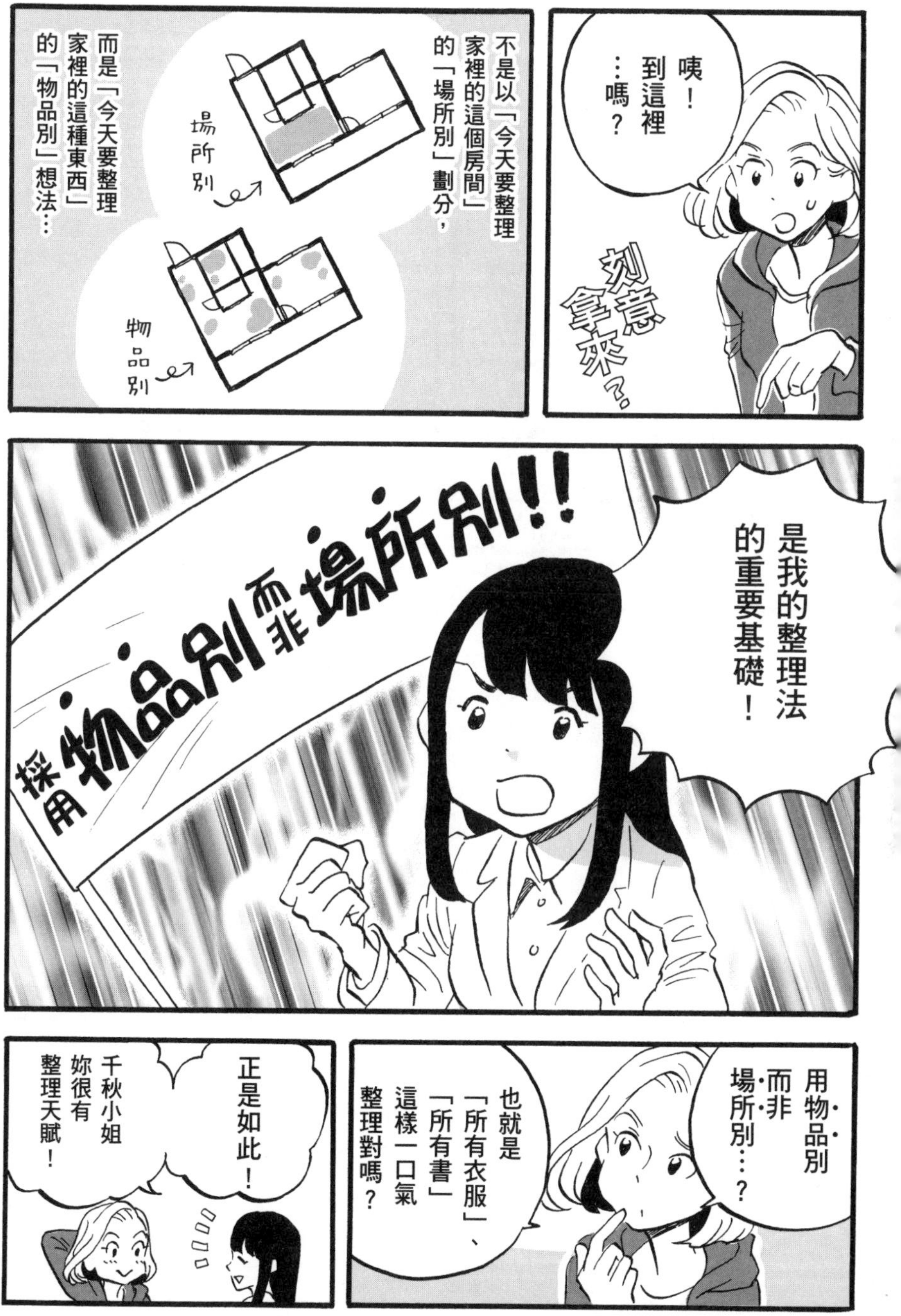

咦！到這裡……嗎？
刻意拿來？
不是以「今天要整理家裡的這個房間」的「場所別」劃分，
場所別
而是「今天要整理家裡的這種東西」的「物品別」想法…
物品別
是我的整理法的重要基礎！
採用物品別而非場所別!!
用物品別而非場所別…？
也就是「所有衣服」、「所有書」這樣一口氣整理對嗎？
正是如此！
千秋小姐妳很有整理天賦！

許多人
整理不好環境
最大的原因是
東西很多。
好多!!
東西不斷增加是
因為無法掌握自己
所有物的數量。
咦?
沒地方放
新買的
東西了
之所以無法掌握
所有物的數量是
因為收納的場所
相當分散。
在收納場所
相當分散的狀態下,
按場所別整理會發生
可怕的狀況…
吞口水…
會發生
什麼事?
東西會永遠
整理不完。
呼!
整理
好了。
咦?
這裡怎麼
還有。
硬塞
硬塞
放不下了~
LOOP
上半身、
下半身、
襪子與配件…
還有包包
也請都
拿過來~
全部就
這些!

呼……
哈……
真的嗎？
一件也沒有剩下嗎？
那麼，接下來再出現的衣服就不由分說地直接當成不存在放棄掉囉。
咦！
KEEP OUT KEEP OUT
等、等等！
東張西望
等一下！
這次真的全部拿來了……啊！
咕咚

konmari小姐，妳在哪裡～？
千秋小姐～我在這邊！

堆積如山呢。
明明就只有一個身體，為何會有那麼多的衣服呢…接著把要保留的衣服挑出來，推平這座山吧。
咚
首先，這些都是新買的，要保留…
這件是新的。
拋出
這件也還沒有穿過。
啊！對了，我買過這種衣服！
拋出
停下來、停下來！
為什麼冒出那麼多件新衣服!?

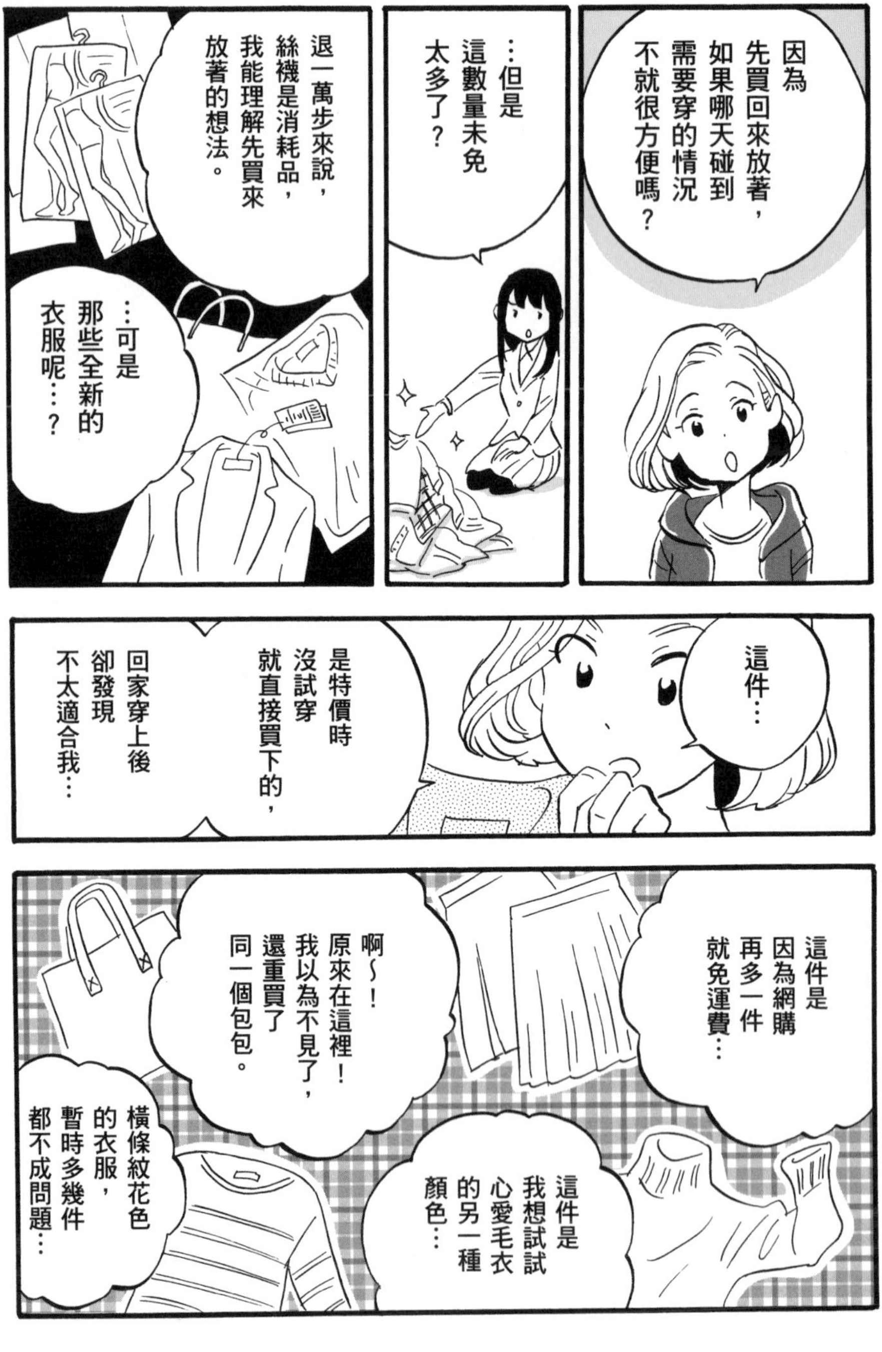
因為先買回來放著，如果哪天碰到需要穿的情況不就很方便嗎？
…但是這數量未免太多了？
退一萬步來說，絲襪是消耗品，我能理解先買來放著的想法。
…可是那些全新的衣服呢…？
這件…
是特價時沒試穿就直接買下的，
回家穿上後卻發現不太適合我…
這件是因為網購再多一件就免運費…
啊～！原來在這裡！我以為不見了，還重買了同一個包包。
這件是我想試試心愛毛衣的另一種顏色…
橫條紋花色的衣服，暫時多幾件都不成問題…

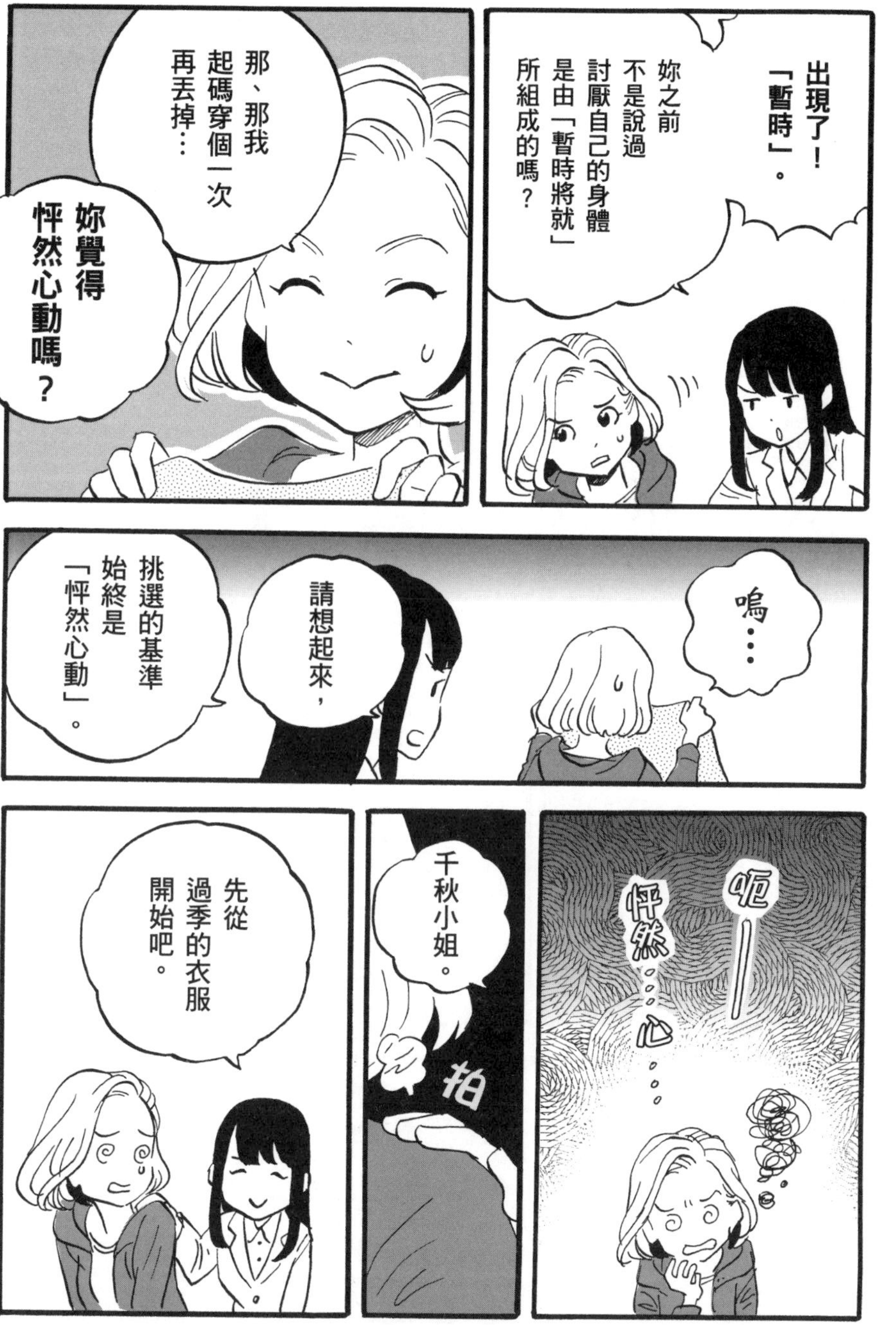
出現了！「暫時」。
妳之前不是說過討厭自己的身體是由「暫時將就」所組成的嗎？
那、那我起碼穿個一次再丟掉⋯
妳覺得怦然心動嗎？
嗚⋯
請想起來，
挑選的基準始終是「怦然心動」。
呃ー
怦然⋯心⋯
千秋小姐。
拍
先從過季的衣服開始吧。

例如這件羽絨衣。
妳下個季節也一定想再看到嗎？
問我是不是一定想再看到……
那倒沒有。
這是便宜貨…
看吧！很快就做出怦然心動與否的判斷了。
因為是不需要馬上用到的東西可以純粹用怦然心動與否下判斷，
所以，我建議從過季的衣服開始整理。
當季的物品
沒有怦然心動 但是 昨天才穿過…
沒有怦然心動 但是 明天穿過再丟吧
會無法冷靜判斷！！
可是！這樣等到換季時，會沒衣服可穿！
不要緊！
就算只保留覺得怦然心動的東西！也一定會留下對自己而言必要的分量。

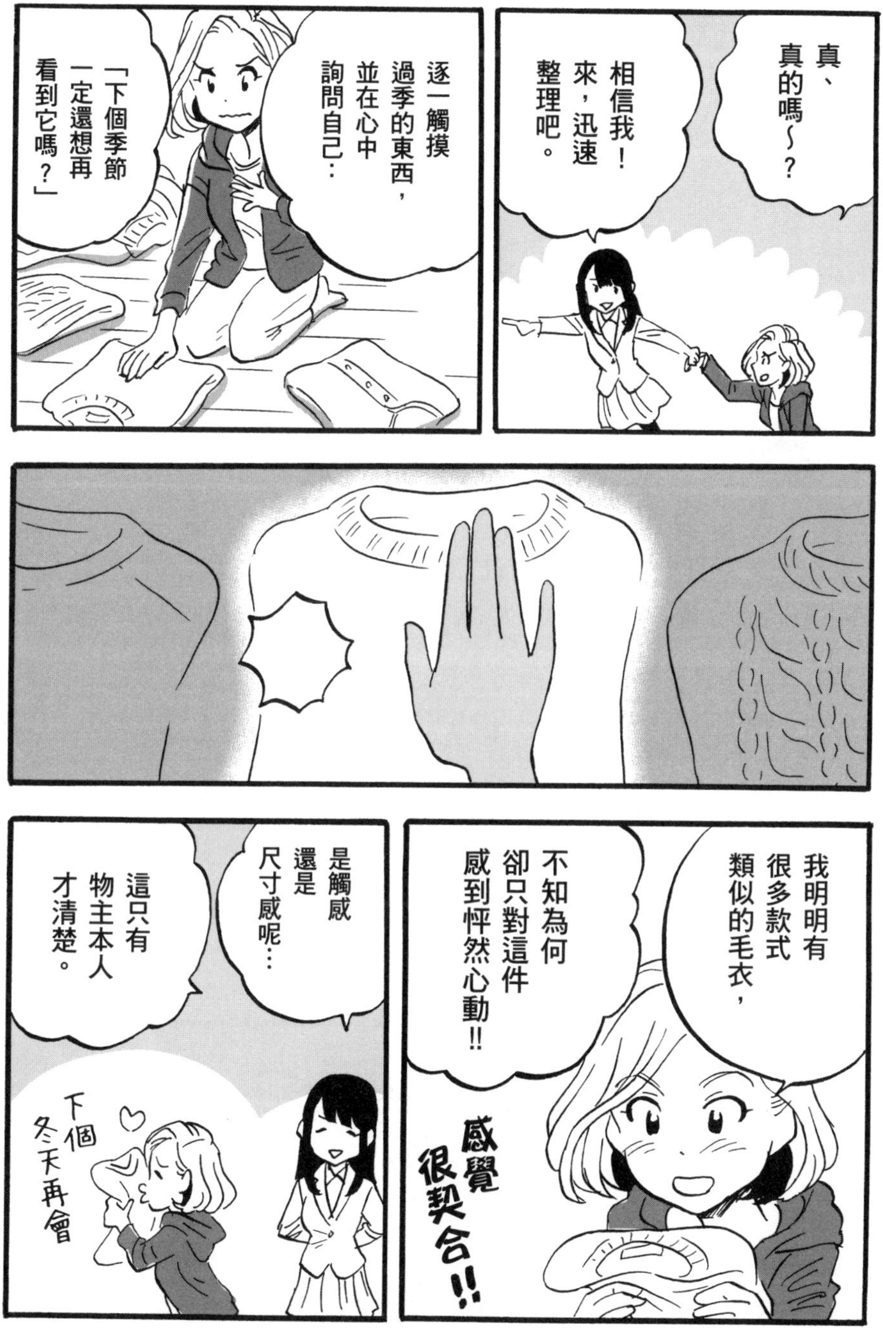
真、
真的嗎～？
相信我！
來，迅速
整理吧。
逐一觸摸
過季的東西，
並在心中
詢問自己：
「下個季節
一定還想再
看到它嗎？」
我明明有
很多款式
類似的毛衣，
不知為何
卻只對這件
感到怦然心動!!
感覺
很契合!!
是觸感
還是
尺寸感呢…
這只有
物主本人
才清楚。
下個
冬天再會

這個方法的確意外地能用來辨別。
呼—
那麼這堆不覺得怦然心動的衣服…
就當成居家服。
嗯，可以啊。
…妳以為我會這樣回答嗎！
這麼做衣服的總量完全沒有變化！
果然如此？
我可以斷言！從外出服降級的居家服…
十之八九不會去穿！
這點我也隱隱約約感覺到了…
那些不太想拿起來的衣服，到頭來就算放在房間裡也不會穿…

可是！丟掉太可惜了！
請試著思考。
這樣最後・・・只是在拖延丟棄不覺得怦然心動衣服的時間而已。
而且不會怦然心動的外出服，當成居家服穿一定也會不太對勁。
在家裡度過的也是具有珍貴價值的時光。
不要「暫時將就」，而是以怦然心動的模樣來度過吧！

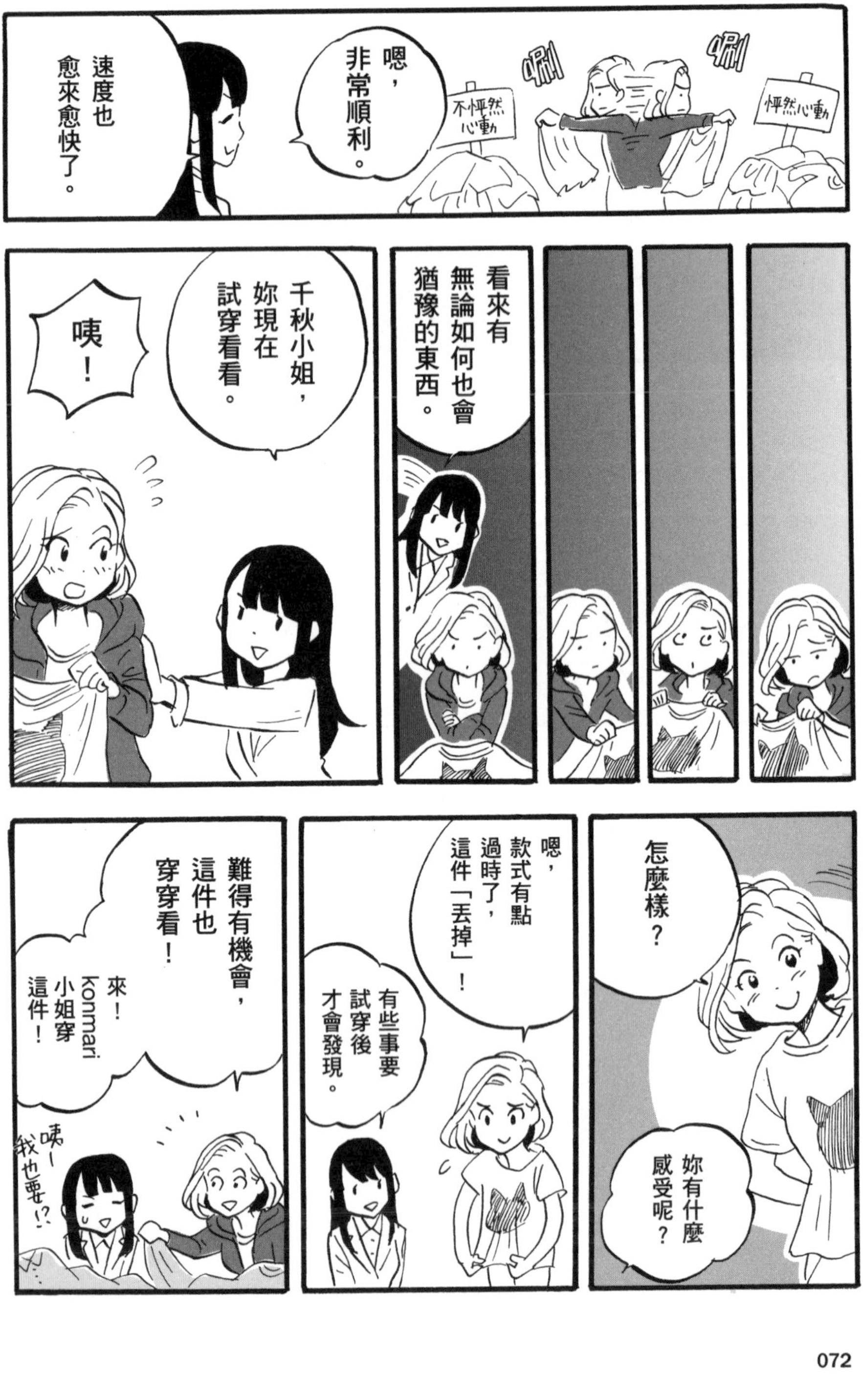
唰
唰
怦然心動
不怦然心動
嗯，非常順利。
速度也愈來愈快了。
看來有無論如何也會猶豫的東西。
千秋小姐，妳現在試穿看看。
咦！
怎麼樣？
妳有什麼感受呢？
嗯，款式有點過時了，這件「丟掉」！
有些事要試穿後才會發現。
難得有機會，這件也穿穿看！
來！konmari小姐穿這件！
咦！我也要!?

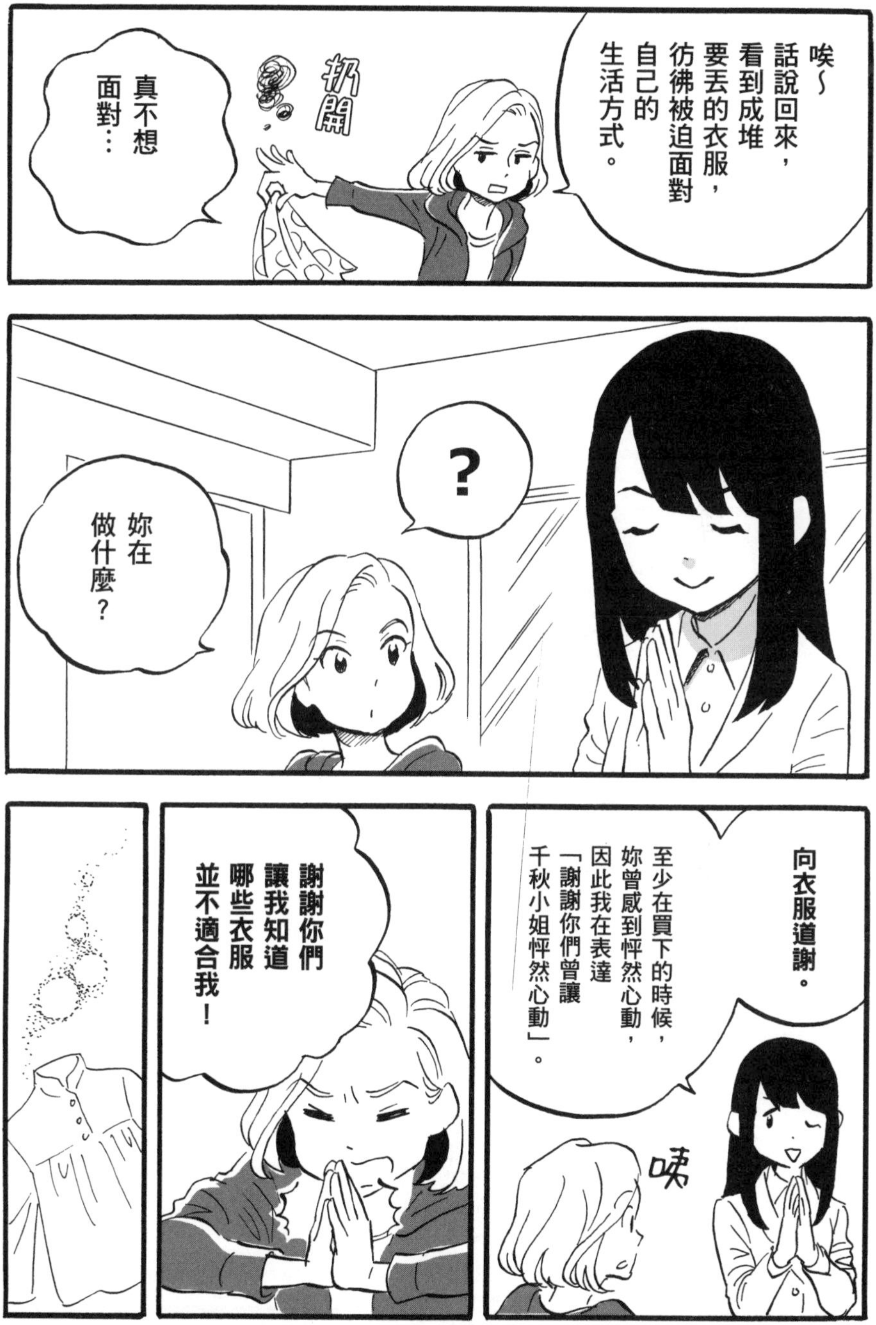
唉～話說回來，看到成堆要丟的衣服，彷彿被迫面對自己的生活方式。
扔開
真不想面對⋯
？
妳在做什麼？
向衣服道謝。
至少在買下的時候，妳曾感到怦然心動，因此我在表達「謝謝你們曾讓千秋小姐怦然心動」。
咦
謝謝你們讓我知道哪些衣服並不適合我！

※除了丟棄之外，也可以送至回收站等等。

這樣一看…
我以前真的過著被這種東西包圍的生活嗎…
光是分辨出不怦然心動的東西就感覺很暢快！
整理環境好愉快～！
來！趁著這股衝勁還沒消失，
接下來要討論如何「收起」怦然心動的衣服！

不要用「場所別、房間別」，而是以「物品別」來思考。

許多人整理不好環境最大的原因，是東西很多。

東西不斷增加的最大原因，則是無法掌握自己所有物的數量。

例如，在整理衣服時，要對你在家中的衣服一次判斷完畢。訣竅就是「把物品從收納空間裡一樣不剩地拿出來，集中在一個地方」。

因為這麼做，就可以正確地掌握自己目前擁有多少東西。

而且，物品放在抽屜等地方裡頭，也就代表它是「正在沉睡」的狀態。

把東西從收納空間裡拿出來，攤在地上並接觸空氣來「喚醒物品」，就會使自己怦然心動的感覺變得清晰明確到令人吃驚的地步。

把「同一類的物品集中起來」，是用最短時間進行整理作業的最大重點。

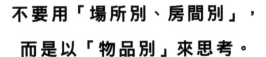

5話

總而言之要折疊並直立起來

衣服山⋯
減少到4分之1左右了。

托妳的福，看來全部都能夠掛進衣櫃了。
衣架也積了好多…
很遺憾的是，只是掛上衣架塞進衣櫥，難得的「怦然心動」就無法發揮效用。
咦～！那麼該怎麼做…
衣服的收納方法有2種。
吊掛收納
以及折疊收納。
我是「吊掛派」。
用吊掛的衣服不會損傷，也不會皺掉，很不賴吧？
舉手
太浪費了！
千秋小姐只是不明白折疊真正的威力！
咿－－
「折疊的威力」…!?

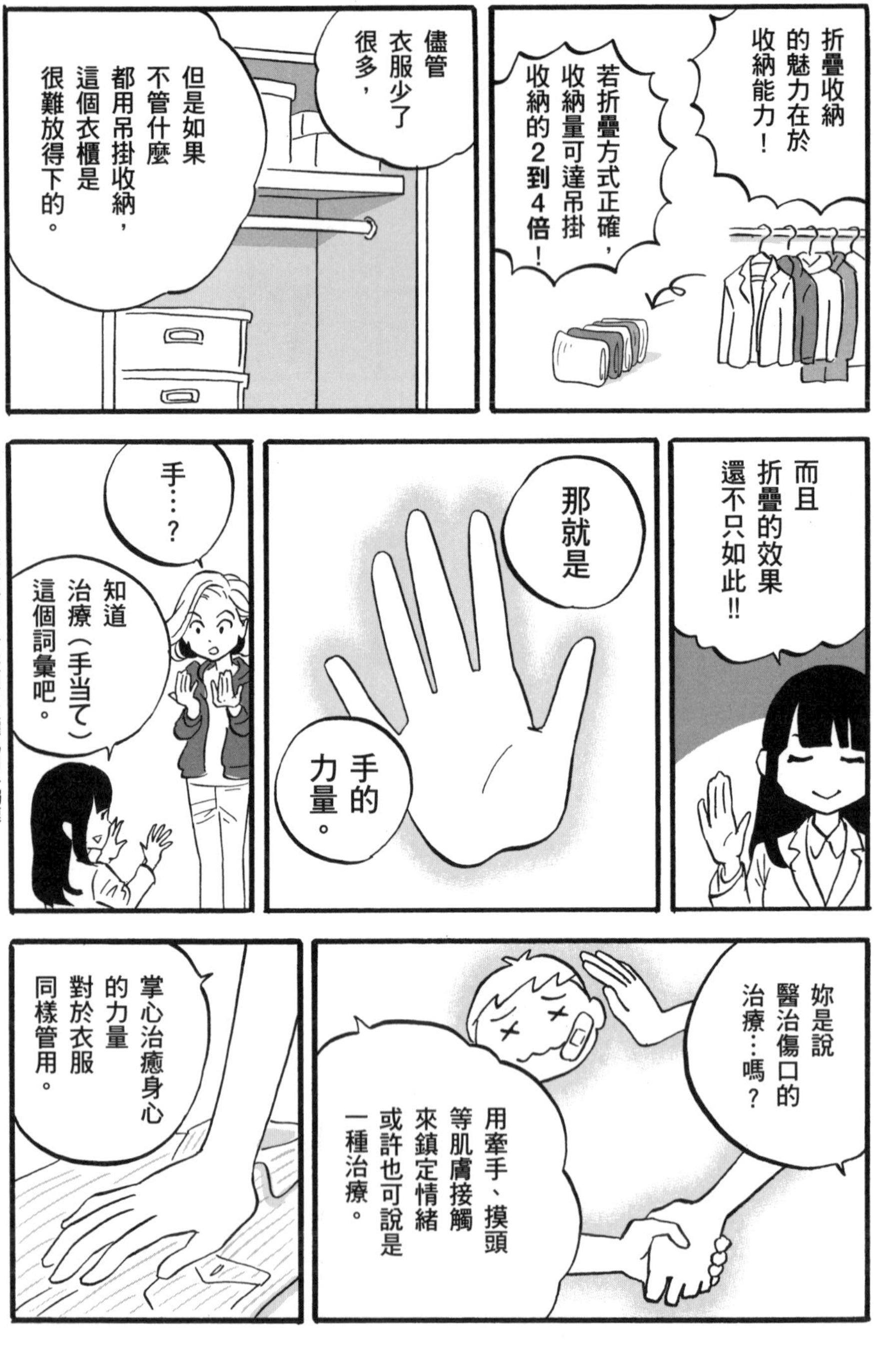
折疊收納的魅力在於收納能力！
若折疊方式正確，收納量可達吊掛收納的2到4倍！
儘管衣服少了很多，
但是如果不管什麼都用吊掛收納，這個衣櫃是很難放得下的。
而且折疊的效果還不只如此!!
那就是
手的力量。
手…？
知道治療（手当て）這個詞彙吧。
妳是說醫治傷口的治療…嗎？
用牽手、摸頭等肌膚接觸來鎮定情緒或許也可說是一種治療。
掌心治癒身心的力量對於衣服同樣管用。

註：日文的治療（手当て）字面可直譯為用手觸摸。

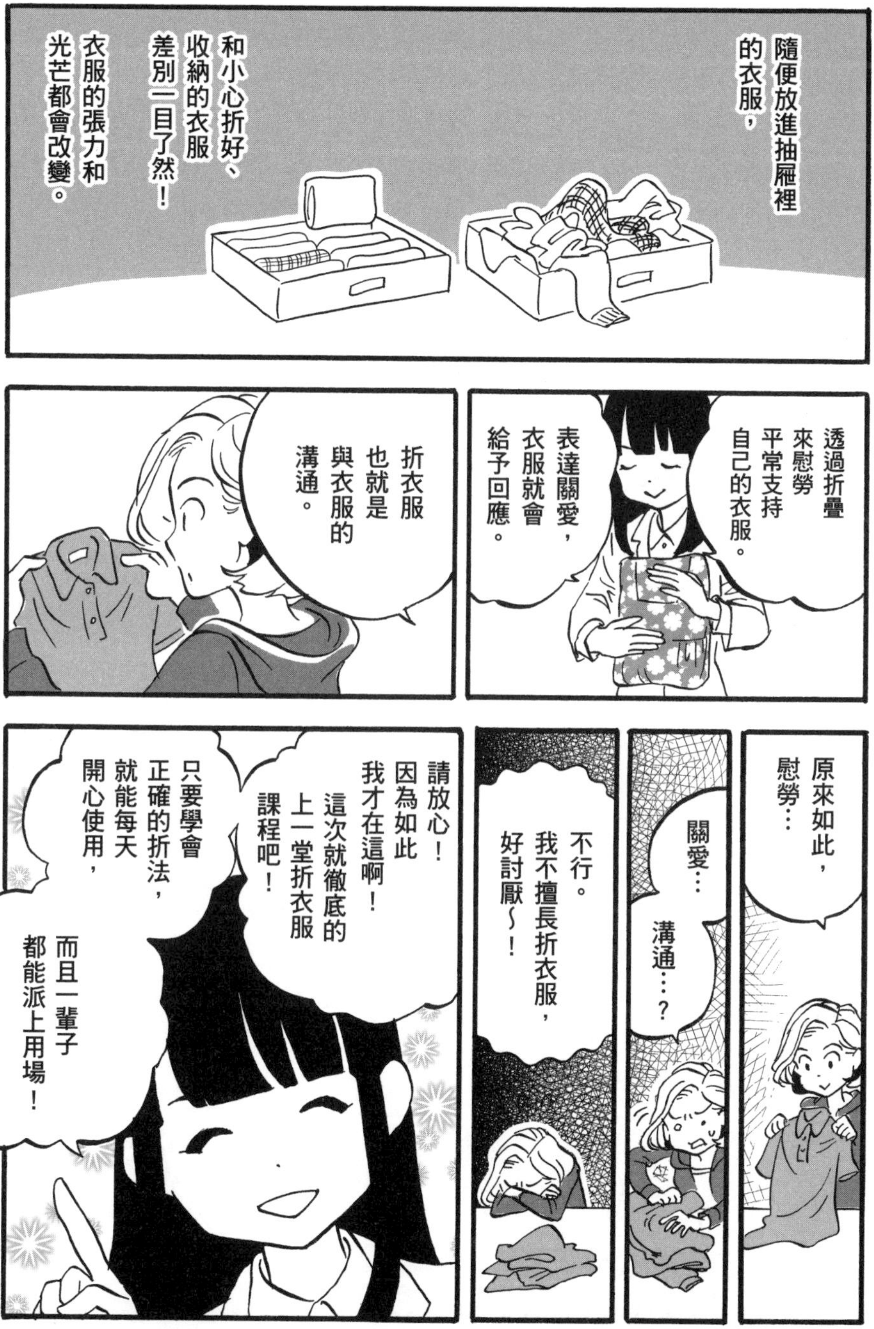
隨便放進抽屜裡的衣服，
和小心折好、收納的衣服差別一目了然！
衣服的張力和光芒都會改變。
透過折疊來慰勞平常支持自己的衣服。
表達關愛，衣服就會給予回應。
折衣服也就是與衣服的溝通。
原來如此，慰勞……
關愛……
溝通……？
不行。我不擅長折衣服，好討厭～！
請放心！因為如此我才在這啊！這次就徹底的上一堂折衣服課程吧！
只要學會正確的折法，就能每天開心使用，
而且一輩子都能派上用場！

T恤的折法
正確折衣法的
重點只有一個!!
以「折好時變成光滑
簡單的長方形」
為目標!
1.
袖子
往內折
2.
3.
4.

5.
留出一截
6.
※若在這個步驟直接對半折，之後就無法折出漂亮的長方形。
7.
8.
完成!!
光滑的長方形!!
像這樣「直立」收納!!

連身裙、裙子的折法
1.
2.
3.
裙子也要折!?
咦!?
折起兩端的三角部分目標是折成四方形!!
4.
5.
6.
7.
留出一截
完成!

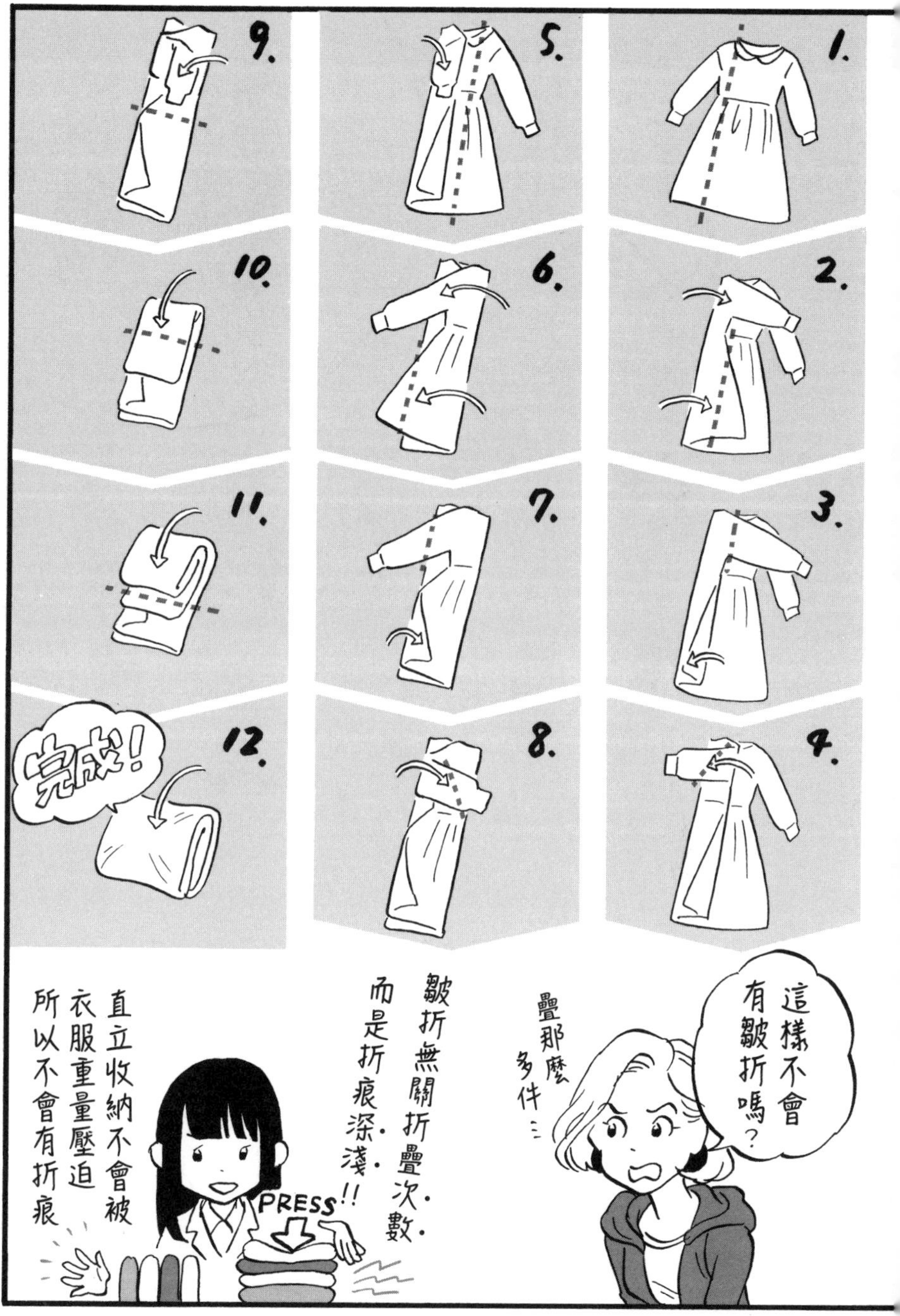
1.
2.
3.
4.
5.
6.
7.
8.
9.
10.
11.
12.
完成!
這樣不會有皺折嗎？
疊那麼多件……
皺折無關折疊次數，而是折痕深淺!!
PRESS
直立收納不會被衣服重量壓迫所以不會有折痕

襪子、絲襪的折法
翻過來……
綁起來……
讓被收納的襪子好好休息
鬆緊帶被撐開放在抽屜裡沒辦法休息
聽妳這麼一說……
1.
疊起
2.
3.
4.
完成!!

完成!!
1.
2.
3.
4.
5.
6.
絲襪要捲起來捲起來捲起來捲起來捲起來捲起來捲起來…
留一截
直立地收納!!
真想按照顏色擺放。

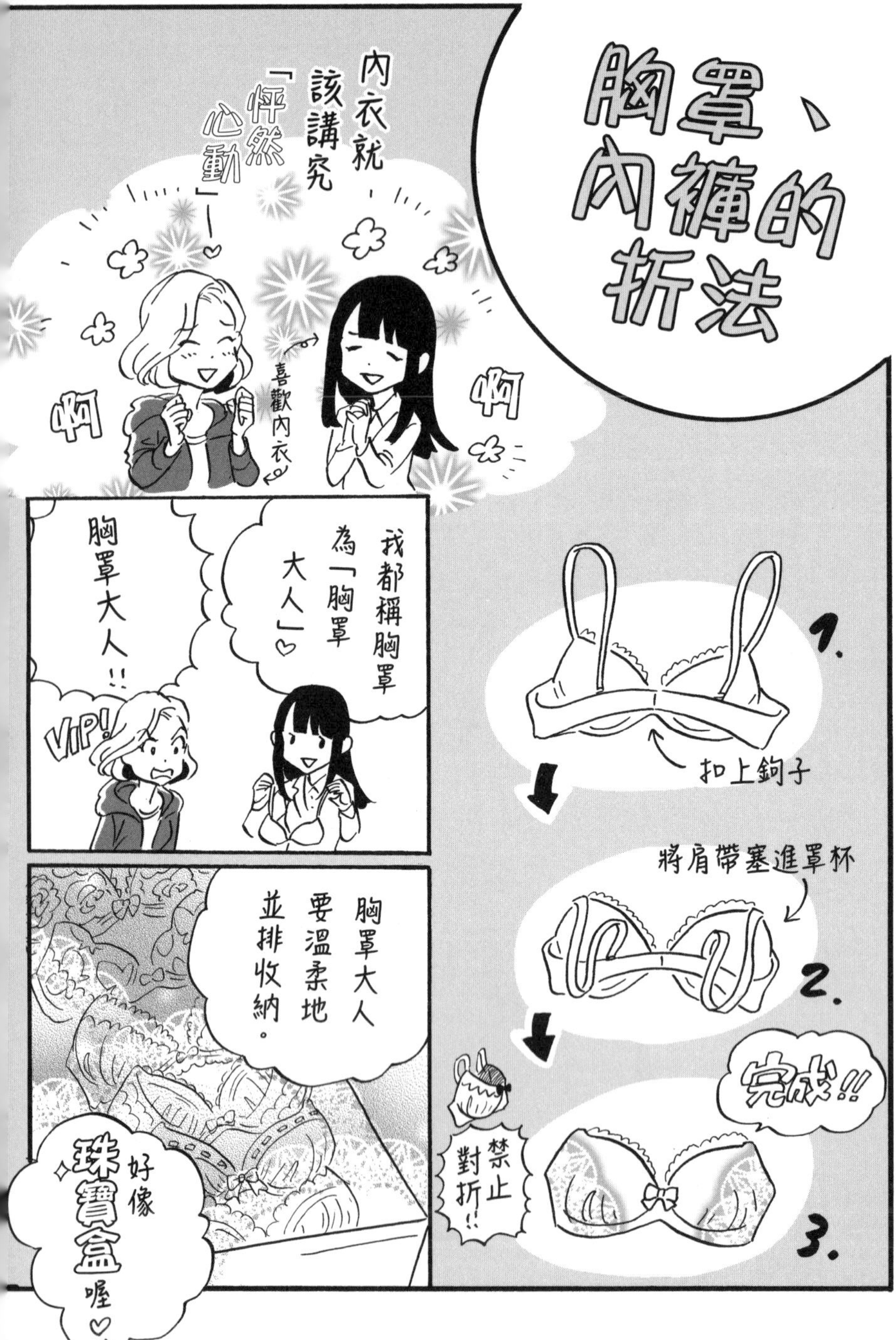
胸罩、內褲的折法
內衣就該講究「怦然心動」
喜歡內衣
啊
啊
我都稱胸罩為「胸罩大人」♡
胸罩大人!!
VIP!
胸罩大人要溫柔地並排收納。
好像珠寶盒喔♡
1.
扣上鉤子
將肩帶塞進罩杯
2.
完成!!
禁止對折!!
3.

臀部側
1.
內褲要捲起來捲起來捲起來捲起來捲起來捲起來捲起來…
2.
3.
4.
5.
6.
露出肚臍側的裝飾
完成！
陶醉…
這是我至今上過最怦然心動的整理課了。
這就是「折疊」、「直立」、「並排」的效果！

大衣和夾克總不用折了吧…？
是啊。
我的標準是：「當風吹過會開心的搖曳生姿的衣服」、
「一板一眼地拒絕被折起來的衣服」就掛在衣架上。
吊掛收納的訣竅是把同類衣物放在一起！
shirt
coat
skirt
這是基礎中的基礎。
咦是什麼？
讓我介紹konmari流派的獨門絕招。
那就是…
心動
「往右攀升的法則」
喔！

請試著在空中畫條往右攀升的線條。
感覺很舒服吧？
的確…覺得心情振奮了一點。
這也可以應用在衣櫃的收納方面。
罩衫
裙子
長褲
夾克
連身裙
大衣
物品會敏感地吸收主人的心情，
托這些按照往右攀升擺放、讓人怦然心動的衣服的福，
好像散發出一股輕鬆的氛圍。
左邊放
・衣長較長
・質料較厚
・顏色較深的衣物
這就是konmari流派的「怦然心動魔法」！
請當成上了一次當，改變衣服排列看看。

原來如此，每次換季時都這樣做就行了吧。
我不換季的。
咦！
恍然大悟!!
我們在冬天也經常穿T恤，而且冷暖氣設備發達…不必勉強遵守換季的習慣也沒關係。
這樣容易掌握擁有的衣服，我很推薦喔。
收納空間不夠用的話，只把配件換季就好
訣竅就是別把衣服過度分類，大致按照質料分類成偏棉質、偏羊毛等就夠了。
那這些衣物箱…
就用不著了呢。
打擊
冬季
夏季
心動～

往右攀升的法則嗎…
心動~
妳幹嘛用手指指人？
不，這是整理魔法…
整理魔法？
幾時出現的…
啊，抱歉，我忍不住想說在課程裡學到的知識。
真期待那個房間能出現多少變化。
微笑
哪天整理好了就請我過去玩嘛。
心動
咦？剛剛的「心動」是什麼…？
一定要來…！我絕對會讓你大吃一驚！

折衣服是
慰勞支持自己的衣物、
表達關愛的行為。

把衣服一件件折起來，再收進抽屜裡也太費事了。

如果可以的話，真想盡可能全部用衣架吊掛解決。

抱著這種想法的你，只是還不明白折疊的真正威力。

只要確實地折好，其實就能解決幾乎所有的衣物收納問題。

而且，折衣服的真正價值是自己親手撫摸衣服，為衣服灌注能量。

請一邊想著「謝謝你們總是守護著我」，一邊真心真意地來折衣服。

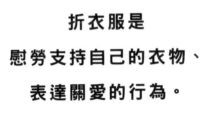

6話

用觸摸而非翻閱來挑選「書籍」

CAFE
我要點商業午餐的義大利麵配熱咖啡。
MENU
好的。
……咦？
千秋小姐！
妳今天休假嗎？

討厭啦！原來這裡就是你工作的咖啡廳！
真巧。我平常都待在廚房不會在外場，但今天人手不夠。
妳的打扮和平常不同，我一開始沒認出來。
總覺得比平常更加可愛。
今天穿的全是前陣子整理時找出來的衣服…
請慢用～
吶，那是誰？
只是鄰居。
咦～！有那種大帥哥住在隔壁，真讓人怦然心動～
唉…
他長得雖然是有點帥…

「可愛」…？
呵呵
他說我可愛…？
因為身上帶著衣櫃的怦然心動氣息嗎？
啦啦
千秋小姐
好可愛
※沒說得那麼誇張
我回來了~
打開

客廳
呃

臥室
啊⋯⋯

對了…
無力…
才只有整理衣服而已…
今天要整理什麼東西!?
千秋小姐真有幹勁!
今天要整理的是…
「書」!

書架在臥室……
拉住
難、難道……
沒錯。
和衣服一樣請「全部」集中放到「這裡」。
這種做法效率上不是很差嗎？
書若還是放在書架上的狀態，就沒辦法判斷是否覺得怦然心動。
恕我失禮。

啪啪
這、這是做什麼？
要把書本都喚醒了。長期沒有移動的「沉睡的書」存在感會消失，難以判斷該留下還是丟掉。
咦…？
喚醒書本之後再挑選…？
沒錯！而且當然…

和衣服一樣，
挑選基準是「怦然心動」。
要確認會不會怦然心動看來要花很多時間…
不可以翻閱。
翻動翻動
請只用觸摸來感受怦然心動。
閱讀內容的話，對於是否怦然心動的判斷力會下降。
咦咦！可是…
這是「書」耶!!

書跟用品或擺設不一樣！
書裡所寫的內容才是最重要的吧！
正是如此，書上面所記載的資訊才有意義。
我們看書是尋求閱讀書本的經驗。
已經看過的書等於「體驗過了」。
就算沒牢記書中內容，一切應該也滲進了心中。

書架上塞滿了書，像圖書館般的房間…
對於愛書人而言或許是夢幻的場景。
不過這當中應該也有達成使命的書本吧？
請試著想像一個只擺放令妳怦然心動書籍的書架。
是否更有做夢一樣的幸福感？

可是…可是！
嗚…
konmari小姐妳也不願看到別人丟棄自己的著作吧!?
不，若不覺得怦然心動，請立刻丟掉。
打擊
…的確，已經看過的書很少會再重看，趁現在處理掉也行…
但這些書還沒看過，根本不知道會不會怦然心動！
只要有空閒我遲早會看，先保留到那個時候…
真是驚人的數量…
連同我的經驗在內，我可以斷言！
那個「遲早」永遠不會到來！

無論是別人推薦的書或一直想讀的書，
一旦錯過了閱讀時機，就乾脆地放棄吧。
前輩推薦的書
未讀
網路熱議的書
未讀
所以，沒看的書要統統丟掉！
沒關係！有緣的話它還會回來的。
二手書收購
話說回來，妳有好多證照啊。
簿記3級
FP技能檢定
絕對必過
飲食生活顧問
TOEIC 900
3週内!!
芳療師檢定1．2級
不、不…
這些是遲早想學習的技能，
像是英語或簿記等若是能學會不是很棒嗎…
只有「念頭」但還沒動手的學習用書請先丟掉。
我就知道…

把它做成檔案夾感覺可能還不錯呢！
把中意的段落抄下來、
剪下照片和圖畫……
雖然難以啟齒……
但這些我都嘗試過了……
就算製作了檔案夾，也不會再重新翻閱～
對於書來說，時機就是關鍵！應該在相遇的那一瞬間閱讀。
……

妳的動作好像有些可疑喔？
唰
唰
唰
唰
唯……
唯獨這本書，
我無論如何也無法丟棄！
飄落

不管konmari小姐怎麼說，
唯獨這本！唯獨這本……！
食譜……？
哇～感覺都是些懷念的照片！
是一本相當舊的食譜呢……
小時候我覺得這張照片上的綜合果汁看起來很好喝……
那是我第一次自己一個人拿著菜刀做果汁給家人喝。
現在到飲料公司上班，也是因為忘不了家人當時的笑容。

如果要我放棄這本食譜，我寧願中止整理課程……
沒關係，請留下它。
咦！
RECIPE BOOK
不管有多破舊或別人怎麼說，這本書對妳而言就像是聖經一樣吧。
這種「進入名人堂」的書請毫不猶豫地留下來！
太、太好了～
請別忘記，整理重要的是選擇「要保留的東西」，而非選擇「要丟棄的東西」！
緊抱
RECIPE BOOK

心想「遲早打算要看」

而擱置未讀的書刊，

那個「遲早」是永遠不會來的。

請把書架上所有的書，一本不漏地排列在地板上。一本一本地拿起來判斷是否要留下。

當然，判斷基準是「觸摸時是否感到怦然心動」。

碰到對於自己來說很重要、「進入名人堂」的書籍，就毫不猶豫地保留下來好好珍惜。

另外，請試著毅然地把沒看就擱置的書全部丟掉。

如果只留下覺得怦然心動的書，得到的資訊品質將產生顯著的變化。

這麼一來，一定能切身感受到新資訊流入取代了減少的部分，獲得「在必要的時機，收到必要的資訊」的感覺。

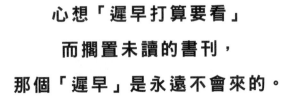

7話

文件類基本上「全部丟掉」

整理了衣服和書以後，
房間還是給人雜亂印象的原因…

坦白說，
是紙類。
就算放著不管，每天也總會增加一些文件…
傳單、廣告…
既然不覺得怦然心動，可以全丟了吧？
丟下
丟下
我看到合約書和存摺字樣了…請確實確認文件內容。

不過到頭來，
呵呵
基本上就是「統統丟掉」。
看吧
我就知道
電視櫃上、鞋櫃上……總會在這些地方扔著文件呢。
不知不覺間堆積起的文件，形成了風一吹就滿天飛的紙堆。
儘管覺得家庭中的文件比起辦公室不是很多，
但這樣集中起來其實也不少。
碎紙機馬力全開!!
我所見過的案例裡，有人足足清出15袋廢棄文件。

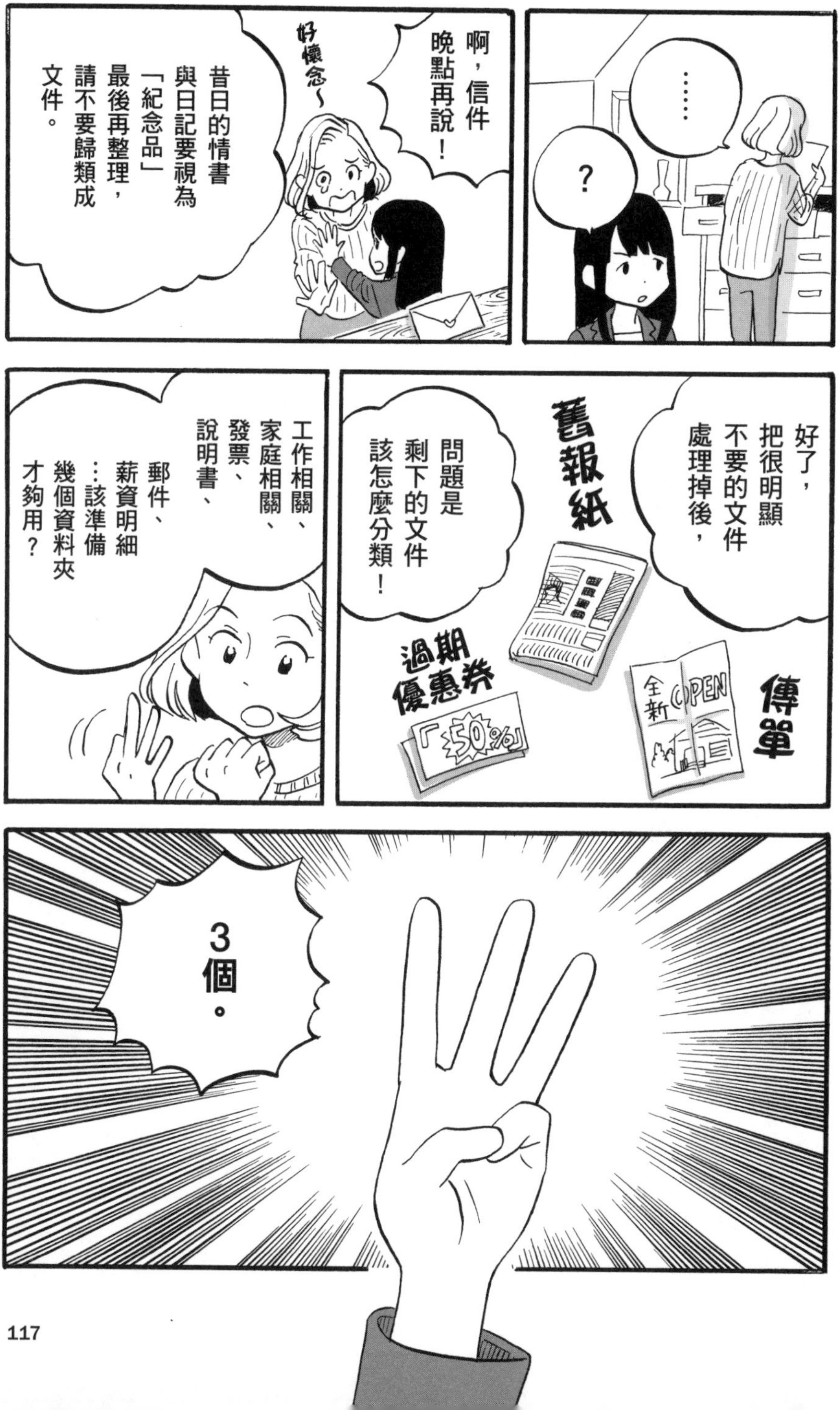
……
？
啊，信件晚點再說！
好懷念～
昔日的情書與日記要視為「紀念品」最後再整理，請不要歸類成文件。
好了，把很明顯不要的文件處理掉後，
舊報紙
傳單
全新
OPEN
過期優惠券
50%
問題是剩下的文件該怎麼分類！
工作相關、家庭相關、發票、說明書、郵件、薪資明細……該準備幾個資料夾才夠用？
3個。

只要…3個!?
是的，最多只能用3個資料夾或盒子。
①待辦
②保存（合約書）
③保存（合約書以外）
就是這3種。
①待辦我明白。
準備回信的信件、要計入家計簿的發票…
放入
放入
這個盒子以保持清空為理想狀態~
雖然我也很難做到…
但我不太懂②「合約書」與③「合約書以外」這種區分方式。

簡單的說，就是以「使用頻率」來分類。
使用頻率較低的文件即②契約相關文件。
租賃
保險
很少拿出來用對吧？
保險證券
租賃契約
這類文件統一收進L型資料夾！
咦～！好簡單！
不必因為是重要文件就準備豪華的檔案夾。能省事的部分就省事吧。
我本來以為這些要用質地堅固的檔案夾終生保存…
結果變得那麼薄！
輕薄
至於③合約書以外的文件…
是指①②以外的所有文件。
有一定使用頻率…
雖不像合約那麼重要，但是想先保存一陣子的文件，
像這樣。

為了不時拿出瀏覽，適合裝在書籍型的資料夾。
不整理成容易閱讀的狀態就沒有意義可言。
真棘手。
這一類最不能掉以輕心。整理文件的重點就取決於如何減少這一類文件，加油！
像是研討會資料等等的，該怎麼處理？
舉手
只是要學習，靠書籍也做得到。
研討會的本質在於現場氣氛或講師親自教學，手邊只留著資料，重讀的可能也⋯
沒有。
那信用卡明細和薪資明細等等的呢？
不是要報稅的話，重看的可能⋯
沒有。
薪資明細
啊！家電保證書！
飄落
保證書
20XX.X.X

期限……
過期了。
家電說明書、保證書常讓人猶豫該不該保存，
但我覺得很少有家電少了說明書就無法使用…
全部丟掉也意外地沒有問題。
原來如此!!
哈～！整個感覺清爽多了。
家具和擺設大多都露出來了。
啊，原來放在這裡啊。
我很喜歡這個盒子，所以吃完裡面的糖果後拿來裝小東西。
哇～好棒的盒子。
…不過，我已經看見盒子裡不怎麼迷人的內容了。

出現了！
出現了！
「不知為何」的小山
冒煙
化妝品的
試用包
5ml
(旅行時很方便!!
…不過這是幾時拿到的？)
旅遊時買的
土產線香
備用
鈕扣
因為
要是鈕扣掉了就很傷腦筋吧？
(…至今縫補鈕扣的經驗？
沒發生過。)
(用過一次
發現不是自己
喜歡的香味)

廣告贈品便利貼
調整手錶時出現的金屬零件
別人送的鑰匙圈
（…從來沒用過）
2年前的記事本（未使用）
生鏽的髮夾
吃剩的處方藥
乾電池
（沒電的…？）
快用完的橡皮擦（1cm以下）
不怦然心動!!
有點黏黏的原子筆
零錢
1～2～3…出現了好多零錢。
零錢明明也一樣是錢，妳不覺得跟鈔票的待遇相比差太多了嗎？
今後整理魔法的口號是…
「看到零錢就放進錢包！」
請記住這句話，救出在家中哭泣的「不知道為什麼在那裡的零錢」。
IN!!

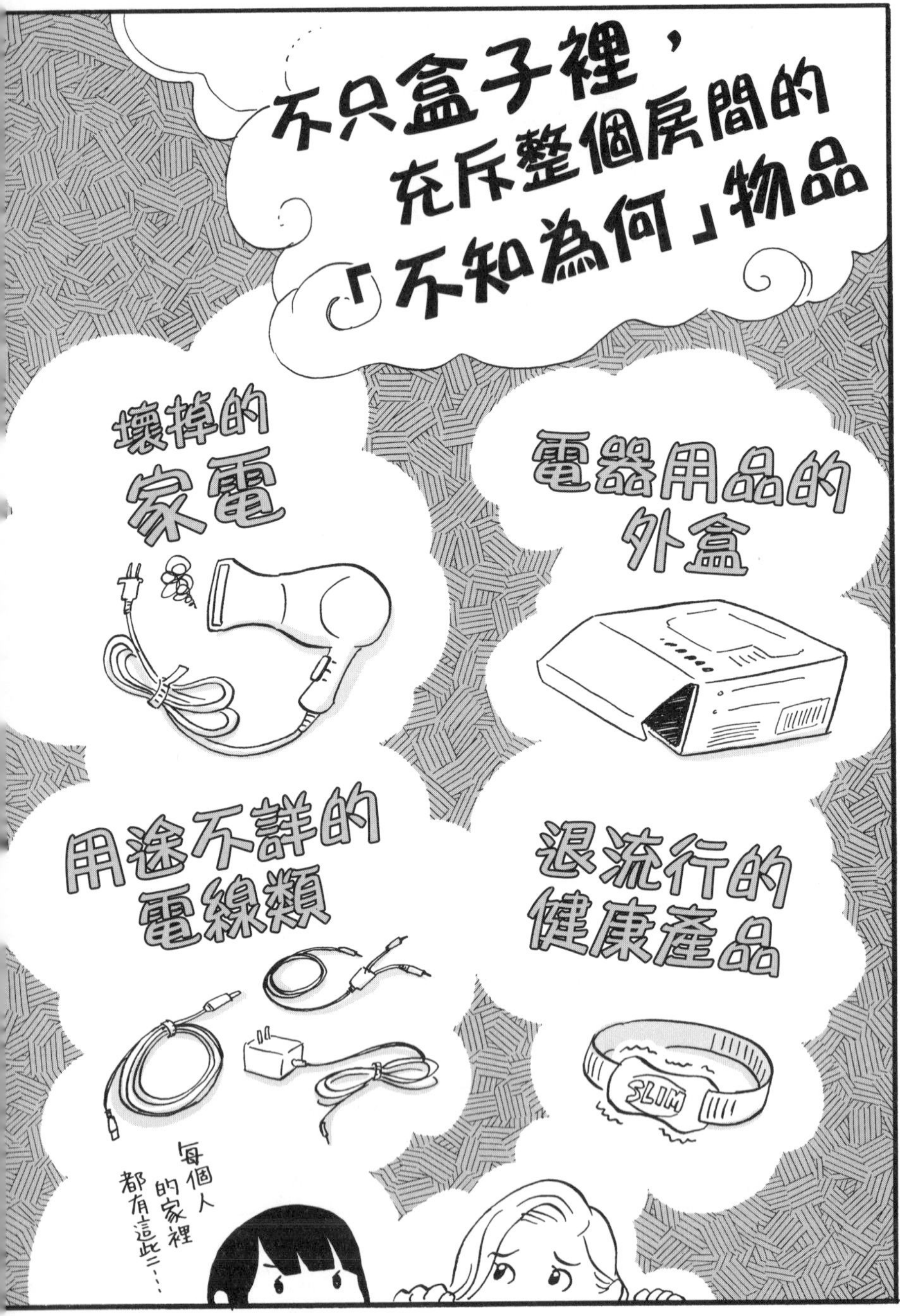
不只盒子裡，
充斥整個房間的
「不知為何」物品
壞掉的
家電
電器用品的
外盒
用途不詳的
電線類
退流行的
健康產品
SLIM
每個人的家裡都有這些……

客人用棉被
奇怪…好久沒拿出來，好像有股霉味!?
這樣不能用了~
咳咳
咳咳
在日本，連棉被也能用租的喔。
結果全部…
全部都是不需要的東西嗎！
打——擊！

沒錯，
雜物類就是
「不知為何」拿到、
「不知為何」收納、
「不知為何」堆積
的東西。
就趁此機會
徹底告別
「不知為何」
的生活吧！
嗚嗚…
真是
不知為何
活著的
人生…
愈看
愈覺得
火大…
不不不，
這些東西也是
支持過妳人生的
相當重要的部分。
一樣一樣的
觸摸它們，
好好地告別吧。

在整理既非衣服也非文件的「雜物」時，的確種類繁多又複雜，
但是，按照這個步驟一定能整理完畢！
CD、DVD用品
護膚用品
化妝用品
飾品
貴重品
機械類
生活用品
廚房用品
其他
另外，碰到與個人興趣相關的東西，這種情況下，請全部將其歸為「興趣」類別再一起整理。
興趣相關……東西……？
どさっ
※重重落下

對了，千秋小姐的興趣很廣泛呢。

茶具是因為大學學長家中是茶道宗家，想討他喜歡…
滑雪是加拿大的留學生凱文手把手教我的…
啊，滑雪板是另一個人。

喜歡上DJ時，常常會跟他一起去逛唱片行。
當陶藝教室老師移居海外時，我整個人大受打擊…
妳的興趣和戀愛的回憶關係很密切呢。
攝影的阿武、將棋的雅紀…騎馬的清太郎…
甩掉我的那些男人現在都在做什麼呢？
雖然透過社群網站大部分都知道了。
呼
下次整理「紀念品」喔！
千秋小姐回神啊～

文件類基本上「全部丟掉」。
只保留可以明確說出
未來用途的文件。

「目前在使用」、「暫時需要」、「永久保存」。

凡是不符合這3項的文件，請全部丟棄。準備回信的信件、待付款的請款單等等必須處理的文件，則暫且放進「待辦盒子」裡。

請設定一天為「處理日」，將往往在不知不覺間累積了不少數量的「待辦盒子」一口氣處理完畢。

有事情待辦的「耿耿於懷感」，會比想像中更令人在意。

迅速地處理掉，心情肯定能更加輕鬆。

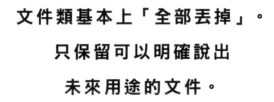

8話

「紀念品」留到最後整理

茶道部
妳想入社？
是的！
千秋16歲
隔壁電研的入社申請表
千秋總是很熱心學習呢。
是的！請問…我這個週末也想去看茶具，方便的話能請學長幫忙挑選嗎？
週末我和女友要約會。
打擊
女友女友女友…

千秋 19歲
Great!
妳進步了好多。
是凱文你教得好。
明年來加拿大滑雪吧。
咦♥
我的未婚妻有棟別墅。
打一擊
未婚妻 未婚妻 未婚妻……
千秋 22歲
下次來我的結婚派對當DJ好嗎？
結婚 結婚 結婚
打一擊
千秋 24歲
打一擊
已婚 已婚……
…小姐、千秋小姐！

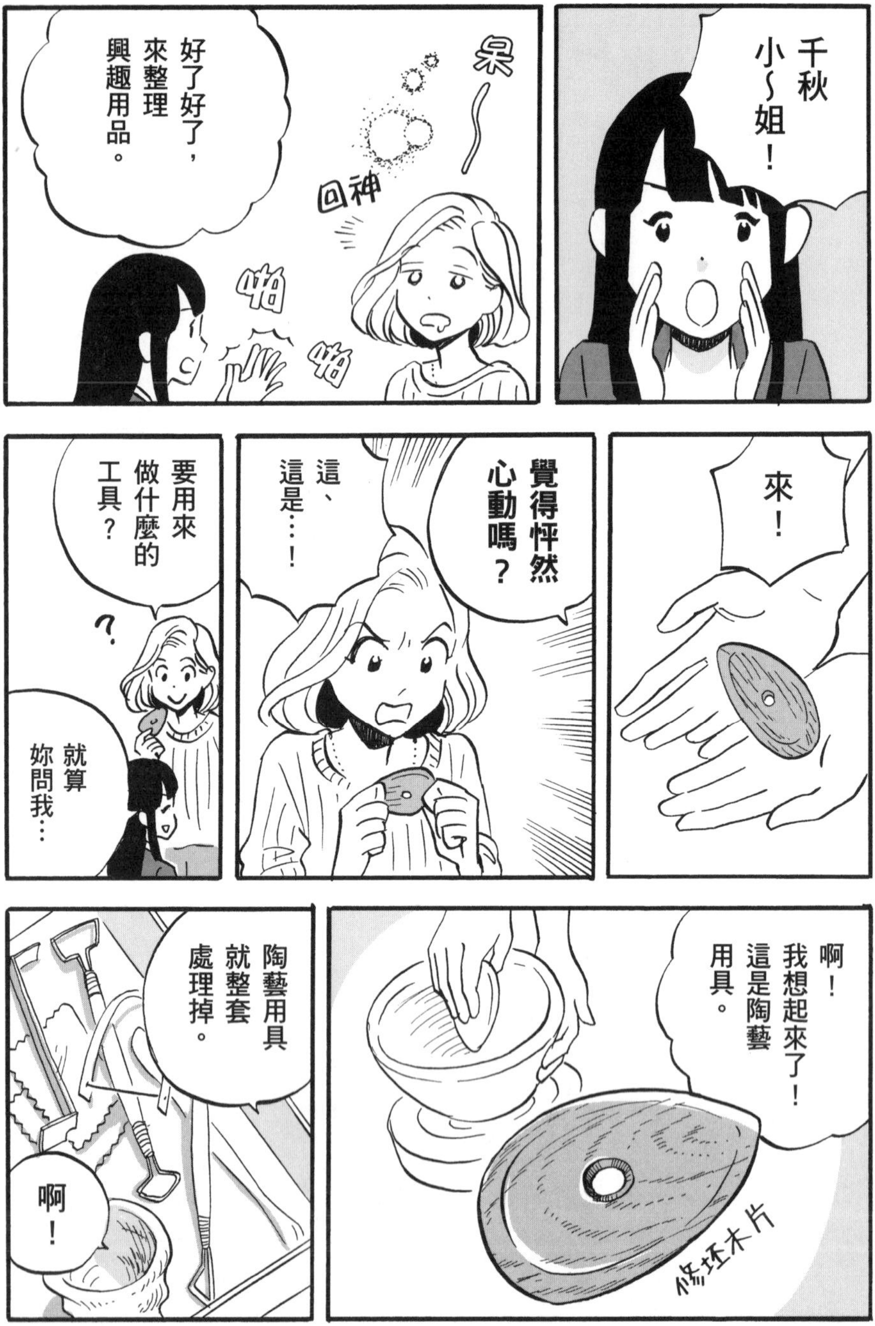

千秋小～姐！
呆～
回神
好了好了，來整理興趣用品。
啪
啪
來！
覺得怦然心動嗎？
這、這是…！
要用來做什麼的工具？
?
就算妳問我…
啊！我想起來了！這是陶藝用具。
修坯木片
陶藝用具就整套處理掉。
啊！

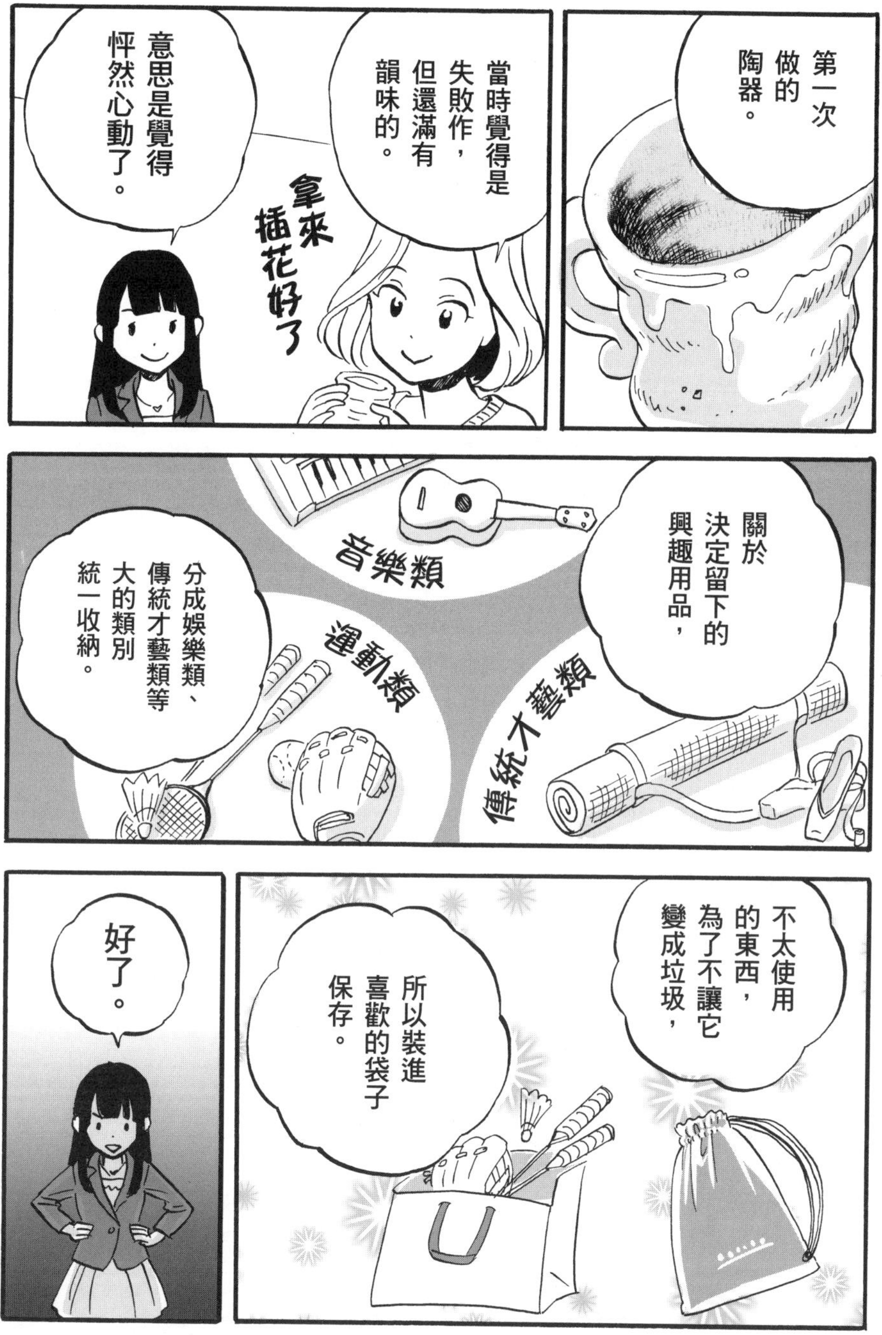
第一次做的陶器。
當時覺得是失敗作，但還滿有韻味的。
拿來插花好了
意思是覺得怦然心動了。
關於決定留下的興趣用品，
音樂類
運動類
傳統才藝類
分成娛樂類、傳統才藝類等大的類別統一收納。
不太使用的東西，為了不讓它變成垃圾，
所以裝進喜歡的袋子保存。
好了。

衣服、書籍、文件、小東西、興趣用品……
千秋小姐到目前為止一路順利。
※嘰
終於要面對最後的難關……
紀念品。
別擔心。
妳的怦然心動靈敏度等級已經達到史上最高。

到目前為止，妳面對數量龐大的東西努力地做了整理。
應該能不被回憶所淹沒，做出自己的判斷。
首先是國中時代的水手服……
學長。
千秋14歲
請給我第2顆鈕釦！
抱歉，都送光了，襯衫的鈕扣行嗎？
打一擊
好了好了～請回到現實。
真是容易墜入愛河的人～

是學校方面的回憶吧。
口袋裡放著我喜歡過的Y的鈕扣。
呀—
請乾脆穿上制服徹底沉浸於回憶中吧。
嗚…實在太勉強了…
我建議把國小到大學的畢業證書統一收進一隻捲筒。
帶鎖的日記本——
DIARY
第一次獨自生活——
「早安，全新的我…
對未來充滿期待、
世界就像這本筆記一樣潔白…染上我的熱情，色彩 欣賞尚未目睹的風景
…但不知為何全用寫詩的口氣在寫。

※偷瞄

筆記本與日記…
如果要留下人生的紀錄，就保持隨時都可以回顧的狀態吧。
行程表只留下最怦然心動那一年的那本！
ちら
不要~~~
試著以「自己去世後被人看見會很難為情的日記就丟掉」為基準或許也不錯。
要拍囉~
卡嚓
好痛

第一次和男友去旅行的照片……
雖然失焦了，但這張照片充滿了許多的回憶。
覺得怦然心動當然就要留下來。
照片在紀念品中也是屬於很難整理的類型……
FILM
photos
底片全部丟掉
邊挑選要保留的，邊把拍完就收著的照片按年代排在地上。
好懷念—
即使照片很多，依照現在怦然心動的靈敏度，挑選的速度快得驚人吧？

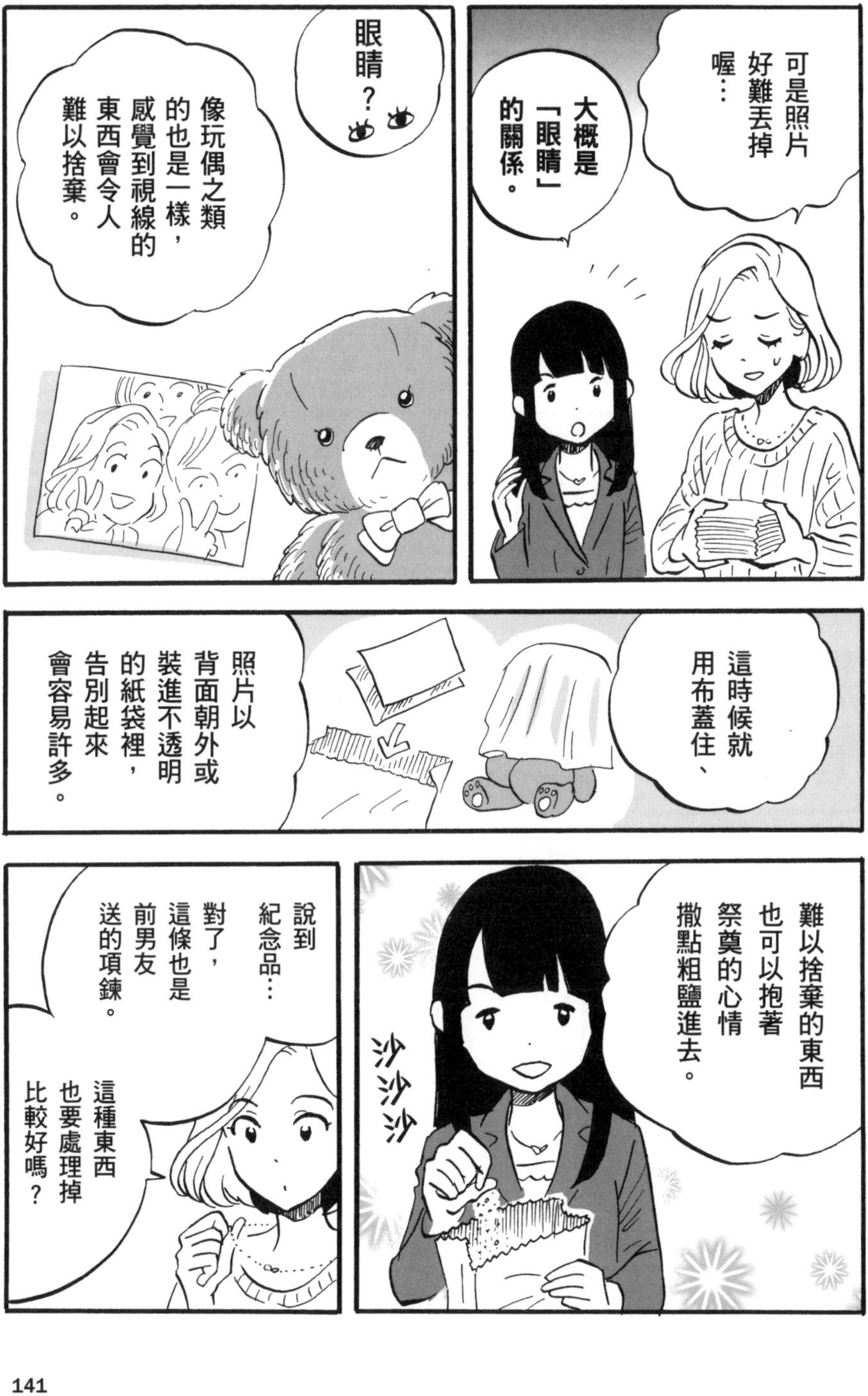
可是照片好難丟掉喔…
大概是「眼睛」的關係。
眼睛？
像玩偶之類的也是一樣，感覺到視線的東西會令人難以捨棄。
這時候就用布蓋住、
照片以背面朝外或裝進不透明的紙袋裡，告別起來會容易許多。
難以捨棄的東西也可以抱著祭奠的心情撒點粗鹽進去。
沙沙沙
說到紀念品…
對了，這條也是前男友送的項鍊。
這種東西也要處理掉比較好嗎？

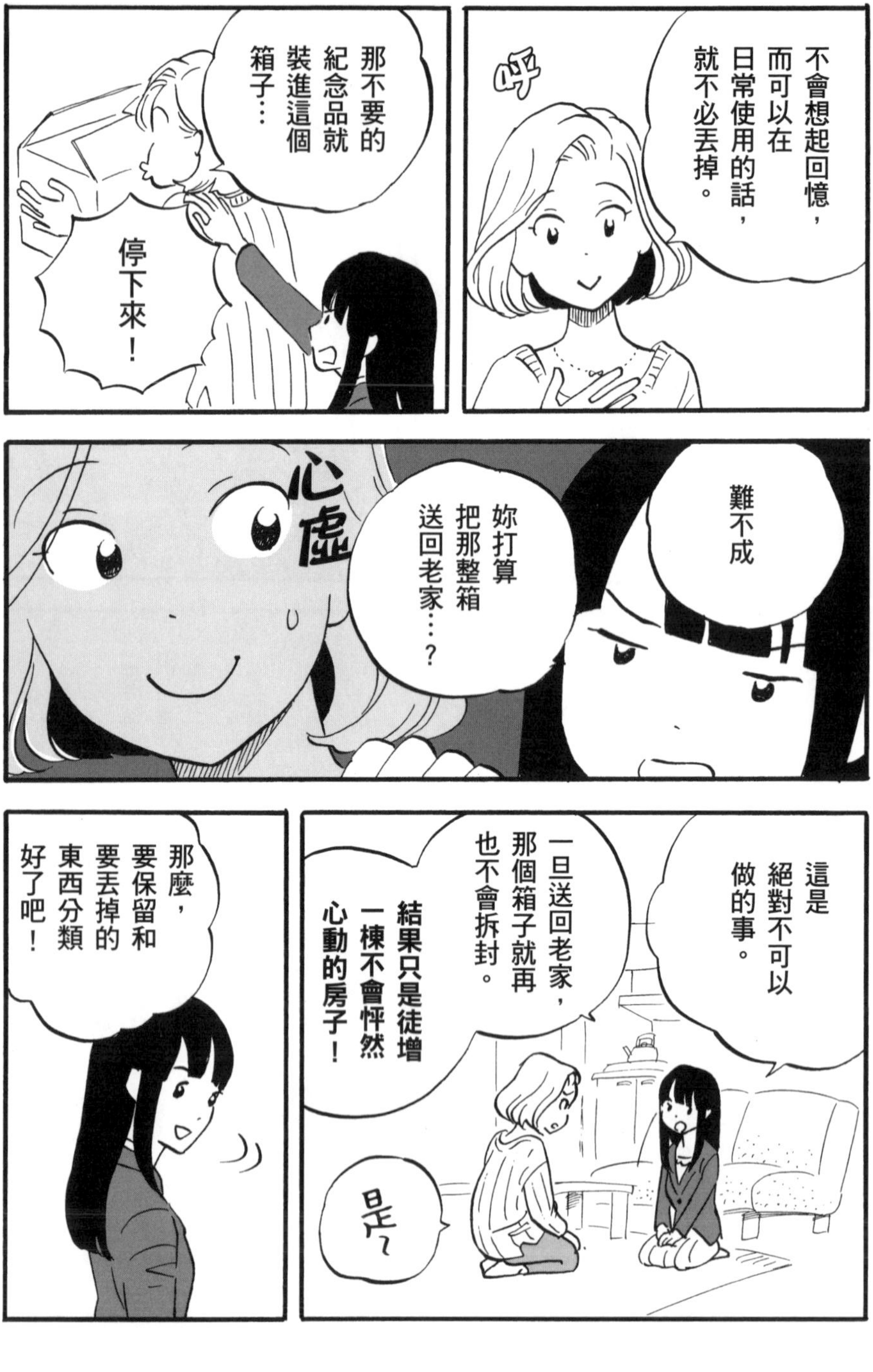
不會想起回憶，而可以在日常使用的話，就不必丟掉。
呼
那不要的紀念品就裝進這個箱子…
停下來！
難不成
妳打算把那整箱送回老家…？
心虛
這是絕對不可以做的事。
一旦送回老家，那個箱子就再也不會拆封。
結果只是徒增一棟不會怦然心動的房子！
是～
那麼，要保留和要丟掉的東西分類好了吧！

咦？
這幅畫是…？
……
千秋。

妳現在的表情很棒。
保持這樣別動。
千秋20歲
咦？
就算你突然這麼說…
在當時讀藝大的他的房間裡。
別動啦!!
腳麻了~
只在你面前展現的表情。
屬於2人的時光。

全部
都在這裡。
To. chiaki
From. K
這個
字跡。
To. chiaki
To. chiaki
我要去旅行。
請將我忘了吧。
From. K
和當時
的留言
一樣……

因為忘不了昔日戀情而留下來的話，很難有新邂逅…
我明白。
就因為留著這種畫，我的戀愛運才會一落千丈。
我會丟掉。
垃圾
可燃
不可燃
瓶
再…
唰啦…

再見了，我的回憶！
噠
停下
不行，我怎麼能丟掉這個。
比起過去的回憶更要珍惜現在的人生！
嗚嗚…
一直以來謝謝你了！
噠
…無法下定決心～
又沒差，反正像我這種人
談戀愛老是搞砸，以後一定也…
咦？

妳這週也丟了好多東西。
看起來每一樣的風格和種類都不同呢。
啊哈哈
不必你說我也清楚！我就是過著不知為何的隨波逐流生活！
別管我！
結果，
沒有丟成。

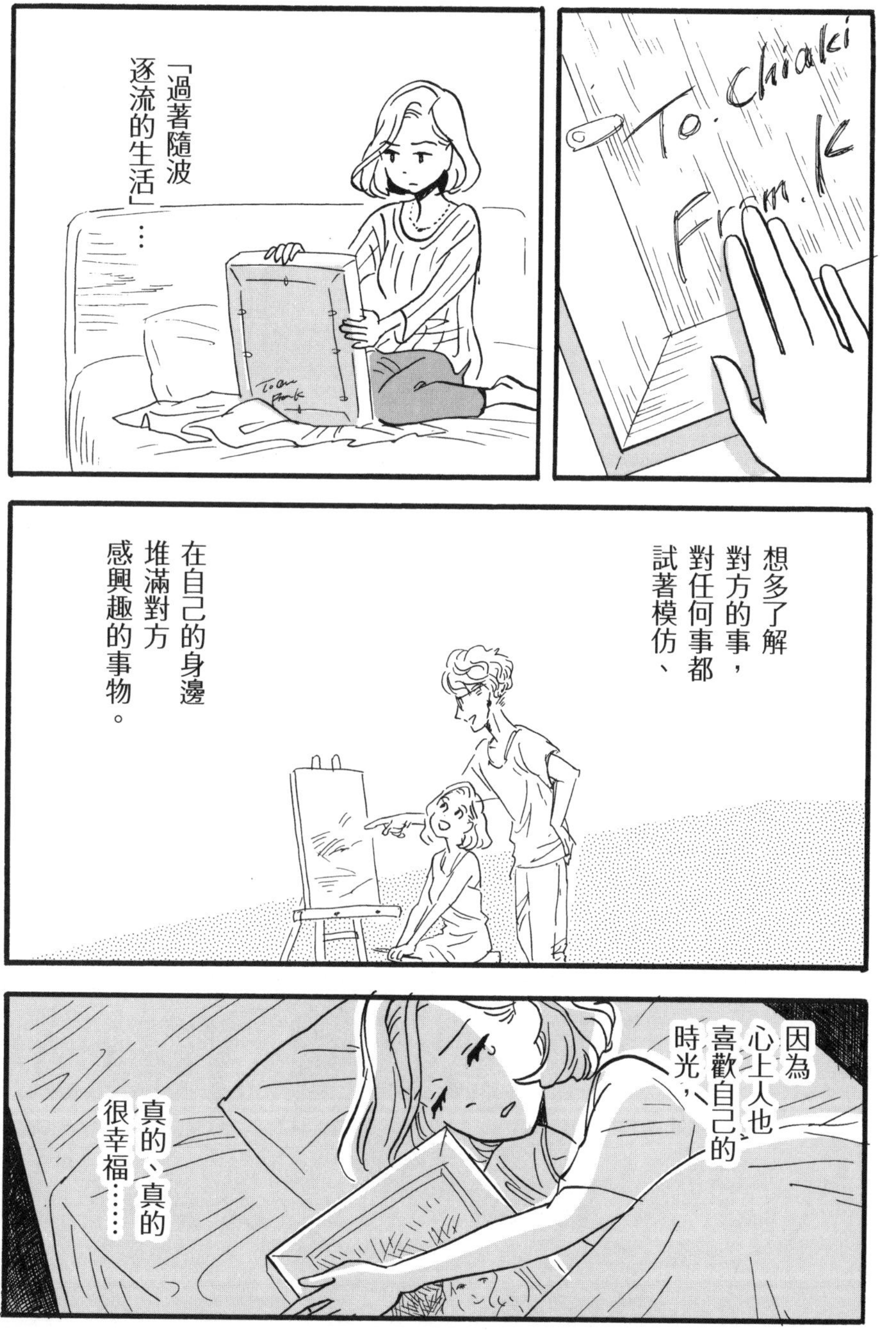
To. Chiaki
From. K
「過著隨波
逐流的生活」……
想多了解
對方的事，
對任何事都
試著模仿、
在自己的身邊
堆滿對方
感興趣的事物。
因為
心上人也
喜歡自己的
時光、
真的、真的
很幸福……

啾
啾
就這樣抱著畫睡著了。
多虧如此，好像花了一晚重新審視當時的往事。
不只當時，
我總是學個皮毛就想接近對方。
這樣子那些認真投入興趣的人當然會跑掉。
不過，我也確實有過快樂的戀愛瞬間。
謝謝你給了我回憶。

啊～垃圾車跑掉了！
等等！還有垃圾沒收！
謝、謝謝…太好了，趕上了。
我才是突然擺出那種態度，真是抱歉。
不過，托你的福，感覺我能向前邁進了！
謝謝你。
昨天，因為我的緣故好像害妳沒倒成垃圾，所以一直很在意。
都是我說了那種不知分寸的話…
心動
對了，妳丟的是什麼東西？
祕密～

我們活在「當下」。

比起過去的回憶，

更要珍惜當下的自己。

「從前怦然心動過的東西」裡充滿了許多的回憶。

丟掉這些東西，或許會令人覺得連重要的回憶都一起遺忘了，但事實並非如此。真正寶貴的回憶，就算丟掉紀念品也絕不會忘懷。

最重要的，不是過去的回憶。

經歷了過去的經驗，存在於當下的我們本身才是最重要的。

不是為了過去的自己，而是應該要為了未來的自己來運用空間。

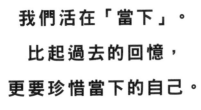

9話

把東西收在「該放的地方」

午安～
打擾了。
終於到了最後一堂課。
以後見不到konmari小姐好寂寞～
對了，我收到好喝的茶，在上課前請務必⋯⋯
微笑
？
千秋小姐，妳變了。

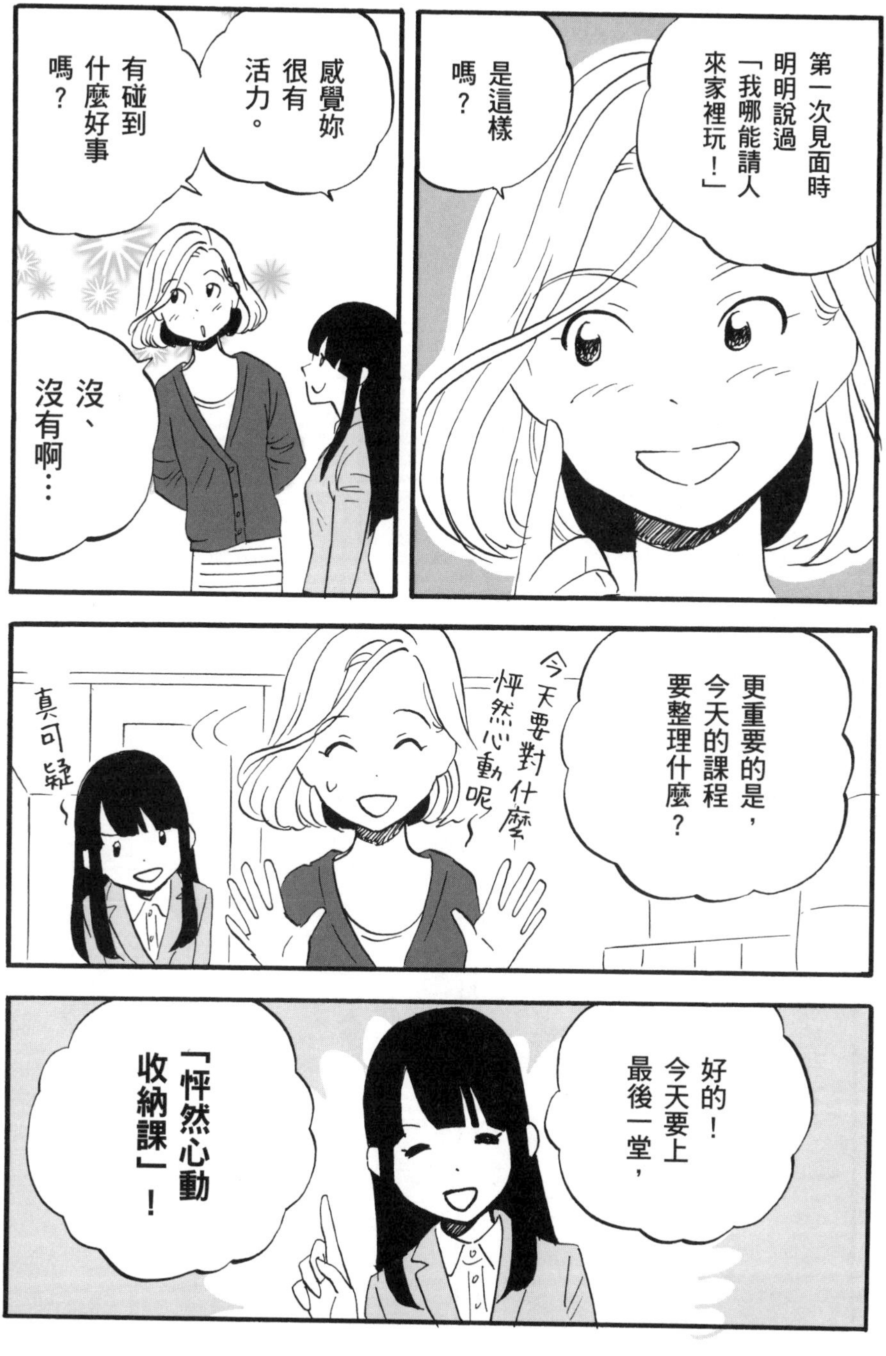
第一次見面時明明說過「我哪能請人來家裡玩！」
是這樣嗎？
感覺妳很有活力。
有碰到什麼好事嗎？
沒、沒有啊…
更重要的是，今天的課程要整理什麼？
今天要對什麼怦然心動呢～
真可疑～
好的！今天要上最後一堂，
「怦然心動收納課」！

終於要收納了！
讓我們迅速地進行吧。
經過前面的整理，千秋小姐家中只剩下怦然心動的東西。
接下來要把東西分別收到固定位置。
收納…
等等！妳現在是否正思考著要買哪些收納用品？
收納
心驚
像這樣構思這些室內設計很愉快，
但是，要先最大限度活用家中現有的收納空間。
把收納簡化到極限，進而掌握自己的所有物。
這是保持房間整齊的收納法精華。

固定位置是放在要使用的地點就行了嗎？
妳是指「行動動線」吧。
脫下帽子
放下包包
摘下飾品
請忽視行動動線。
那要以什麼基準來決定固定位置…
我推薦的收納做法非常單純。
把同類型的東西收到同一個地方！
結束。
同類型的東西？
帽子和包包和飾品都放一起!!
其實這和挑選保留物是一樣的。
也就是分成衣服、書、文件、雜物、紀念品…？
答對了！
雜物
Hand Cream
衣服
書
文件

不要把同類型的東西分開收納，而是收在同一個地方。
「衣服」類放進衣櫃
帽子、包包、飾品
廚房用品當然全部放在廚房……
但烤盤和果汁機要放哪裡真難決定。
那是使用時因有明確目的，所以不會介意「費事拿出來」的東西。
環境散亂的原因，不是嫌「費事收拾」麻煩，就是忘了「收在哪裡」。
請注意這一點來決定固定位置。
調味料等等也一樣。
只要決定好固定位置，不必排在水槽上或調理台上，烹飪時也能迅速使用並迅速歸位。

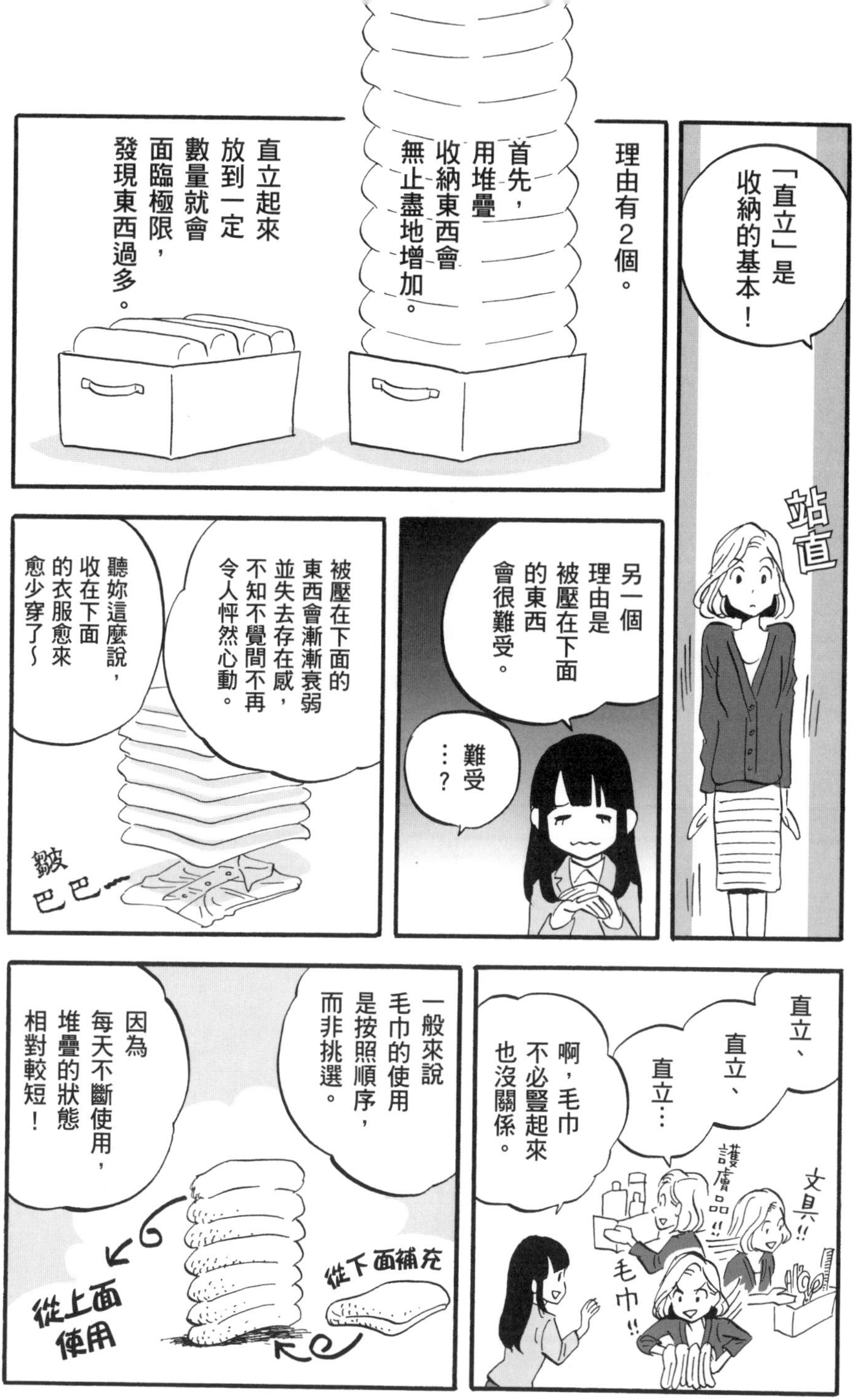
「直立」是收納的基本！
站直
理由有2個。
首先，用堆疊收納東西會無止盡地增加。
直立起來放到一定數量就會面臨極限，發現東西過多。
另一個理由是被壓在下面的東西會很難受。
難受……？
被壓在下面的東西會漸漸衰弱並失去存在感，不知不覺間不再令人怦然心動。
聽妳這麼說，收在下面的衣服愈來愈少穿了～
皺巴巴～
直立、
直立、
直立……
護膚品!!
文具!!
毛巾!!
啊，毛巾不必豎起來也沒關係。
一般來說毛巾的使用是按照順序，而非挑選。
因為每天不斷使用，堆疊的狀態相對較短！
從上面使用
從下面補充

直立收納需要一些容器吧。
妳有什麼推薦的收納用品嗎？
滿心期待
對我來說最常用到的…
是這個！
咦…這是空的鞋盒…？
是的！無論「大小」、「素材」、「堅固」、「簡便」、「心動度」全部達標！
很少有這麼優秀的收納用具喔。
可以用來收納直立的抹布嗎？
嗯
當然。不只如此！

還有這麼多種運用方式！
絲襪
儲備衛浴用品
鞋盒蓋當托盤用
當然，不是非得採用鞋盒不可。
在整理時活用家中現有的東西就夠了。
四方形盒子比起圓形或特殊形狀的更好用
別半吊子地買收納用品臨時湊合，請等到全部都整理完畢再來尋找自己喜歡的收納用品。
不要「不知為何」的購物對吧。

環保購物袋折疊豎起後也很適合放進鞋盒！
意外地容易放滿…
可是…
放包包的地方放滿了…
別擔心，把包包放進包包裡。
包包放進包包裡…？
對了，包包裡面也可作為「收納空間」！
放在裡面的包包可以代替填充物，使其變得容易直立收納。
啊，我之前在找的護手霜原來塞在這裡！
每天都要清空包包喔。
咦~這有點麻煩…
很簡單！設立1個「每天攜帶物品放置區」就行了。
化妝包
員工證
鑰匙
還有，錢包要給予VIP待遇。
珍惜錢包的話，用錢方式也會改變。
拿出收據與發票…
裝進漂亮的盒子

這個立起來
那個塞進去
…konmari小姐，
我本來以為妳是教人丟東西的專家，
原來也是收納專家啊。
嘿嘿
不如說我是個整理迷。
而且，還是老資歷了…
我在3個小孩裡排行老二。
媽媽專心照顧年幼的妹妹，哥哥熱中於電視遊戲…
在家中獨處時，我的樂趣是——

閱讀以主婦為客群的生活雜誌。
Shuf
特輯
這次一定整理得好
收納訣竅55
上小學時，我會整理教室書架上的書，
檢查打掃用具櫃的收納方式…
上國中後，整理欲望正式地覺醒，
丟
丟
過去的我累積了太多不需要的東西了…！
幾小時內為之一變的房間光景令我像被雷劈中般深受衝擊。
整理該不會是比我想像中更加驚人的行動…
然後就一直鑽研整理之道到現在呢。
不過，走到這一步前我不斷地反覆試驗。

我失敗過許多次，
高中時還因為整理憂鬱症昏倒過。
整理…憂鬱症!?
我一心想著「該丟掉什麼?」「要怎麼丟棄?」
有沒有能夠丟掉的東西
從前的我只是台「丟棄機器」。
可是…
丟完後房間明明變整潔了，
不知不覺間卻又變回一片雜亂。
暈眩…
為什麼?為什麼?都丟掉那麼多了…

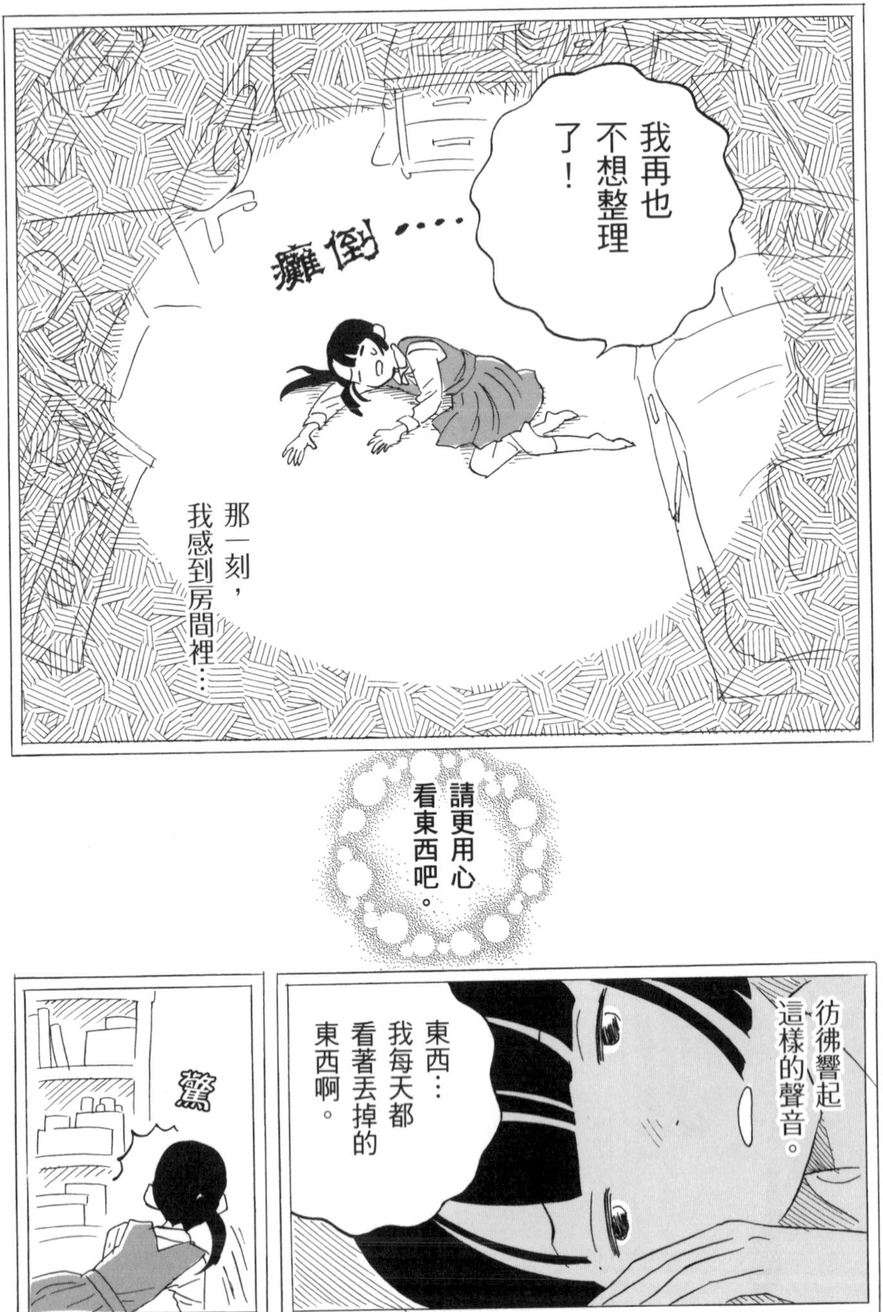
我再也不想整理了！
癱倒……
那一刻，我感到房間裡……
請更用心看東西吧。
彷彿響起這樣的聲音。
東西……我每天都看著丟掉的東西啊。
驚

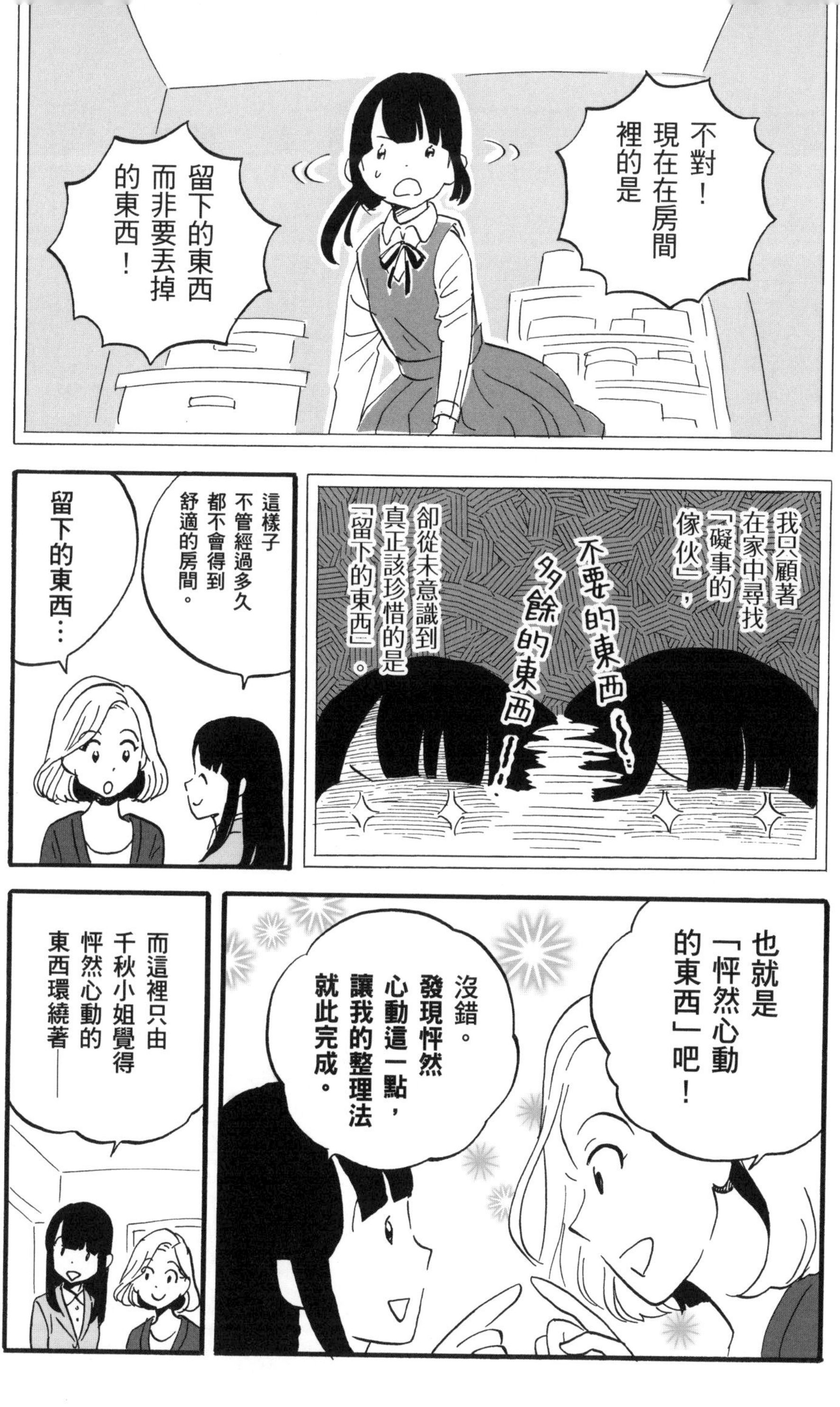
不對！現在在房間裡的是
留下的東西而非要丟掉的東西！
我只顧著在家中尋找「礙事的傢伙」，
不要的東西！
多餘的東西！
卻從未意識到真正該珍惜的是「留下的東西」。
這樣子不管經過多久都不會得到舒適的房間。
留下的東西……
也就是「怦然心動的東西」吧！
沒錯。發現怦然心動這一點，讓我的整理法就此完成。
而這裡只由千秋小姐覺得怦然心動的東西環繞著——

是怦然心動
的住家！
家與身體是
互相連結的。
居住在不舒服
的房間裡，
只會令妳像
高中時的我
一樣精疲力竭。

現在，住在這個房間中的千秋小姐一定會變得和房間一樣閃閃發光。

將物品收到本來該放的位置。
收納就是決定「物品的家」。

無論我們是否意識到，物品真的每天都為了支持主人，而盡到了各自的使命。

就像我們工作一天後，回到家放鬆下來一樣，物品回到自己常待的地方也會感到安心。

擁有每天能回到同一個地方的安心感，對於物品而言非常重要。

因此，確實有個固定位置，並且能回到那裡休息的物品，就會散發出不同的光輝。

只要好好珍惜物品，它們一定會回應主人的心意。

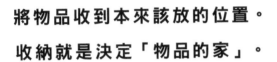

10話

真正的人生，從整理之後開始

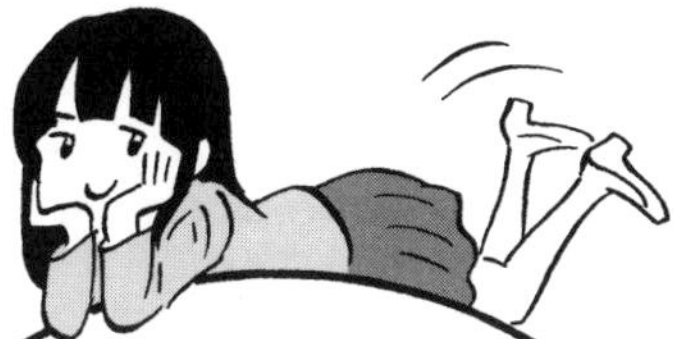

煥然一新了呢。

…這裡真的是
我的房間吧？
感覺如何？
簡直是!!怦然心動度MAX!!
地毯、家具和杯子，都讓我回想起在店裡挑選時心中驚嘆「哇♥」的心情。
不只待在房間裡感到雀躍不已…
連踏出房間和回到這裡的過程也變得好愉快。

作為整理顧問，我雖然見證過許多位顧客的整理過程。
但果然每次都覺得很感動。
住什麼房子、被哪些東西環繞明明因人而異，
但大家的人生全都產生了戲劇性的變化。
這果然是「整理魔法」，
除此之外沒有其他說法了。

過去的顧客裡，有人整理、處理掉大量名片後不可思議地有了新的邂逅，在生意上獲得重大成功。
也有人是在整理書架後想起了自己真正想做的事而換了工作。
這該怎麼說…可以說是被過去所困而無法前進嗎？
千秋小姐真敏銳！正是如此。
無法丟棄物品的原因，追根究柢便是…
「對過去的執著」、
「對未來的不安」。

原因只有這2個。
！
我也非常能夠感同身受…
在意過去…
對未來不安…
當然，這是誰都一定會有的心情。
我也非常能夠了解…
不過，被「對過去的執著」「對未來的不安」兩者過度束縛時，
等於
陷入無法丟棄物品的狀態，也就是看不清現在的自己。
雖然不需要但留下來當作紀念吧…
或許有一天會用到，收起來吧…
需要的是什麼？
擁有什麼能得到滿足？
在尋求什麼？像這樣無法用肉眼察覺的狀態。

處在這種狀態時，
不只是擁有東西的方式，
連人際往來和
選工作的方式等
所有選擇的基準
可說都產生動搖。
例如，對未來感到極度
不安的人在選擇對象時，
不是因為「我喜歡這個人！」，
而是因為
「和他交往或許會得到好處」、
「和他分手後可能找不到對象」
所以才在一起…
對未來的不安
對過去非常
執著的人，
則是會想著
「我忘不了2年前
分手的情人」，
而遲遲無法
進入下一段戀情。
對過去的執著
整理是面對
並脫離這種
狀態的方法…

我也在這次整理中徹底面對了之前那些隨意將就或裝做沒看到的事物。
自己一直珍惜的事物與想做的事情……
不必去遠處尋找或購買新東西，全都已經在這個房間裡了。
老實說最初我對於用「怦然心動」當整理基準感到不安。
啊哈哈
「那會整理成多少女情懷的房間啊？」這樣？
怦然心動是只屬於當事人的重要基準。
不是我在整理課程中教給妳的。

像千秋小姐一樣明確發覺自己怦然心動重點的人，
會萌生出小小的自信。
變得能夠信任自己的未來。
許多事都會順利運作起來。
邂逅的人也會改變。
或是發生出人意料的好事。
變化速度加快了。

單單是這點小事就毫無疑問地改變了人生。
向右攀升的怦然心動！
就是說吧！
心動
心動
叮咚♪
妳好！
りんご
※蘋果
這是我鄉下老家送來的蔬果，我一個人吃不完…方便的話…
哇!!
好漂亮的蔬菜!!

啊，妳正在上「整理課」嗎？
不不，我要告辭了。
她就是妖精小姐？
討厭～別說了!!
終於到了從課程畢業的時候了。
是的！雖然課程已經結束了，
不過千秋小姐真正的人生在整理完畢後才要開始。
心動？
？
konmari小姐真是的!!

konmari小姐所說的
「真正的人生」
開始了。
因為期待
吃早餐，
所以習慣了
早起。
今天
天氣看來
也很好。
整理
梳妝台一帶，
今天要跟
廣告公司開會，
打扮得幹練點。
去上班時
也不再用
「暫時將就」地
草草化妝。

早安！
那份資料在哪～
自從把辦公桌周邊整理乾淨再下班……
隔天上午的工作進展就飛快～
呃……我做到哪裡了？？
自己有了餘力，就能看清部門內同事動向。
休息一下，吃個午飯？？
前輩～
妳最近狀況不錯嘛，我很期待下個企劃。
是！

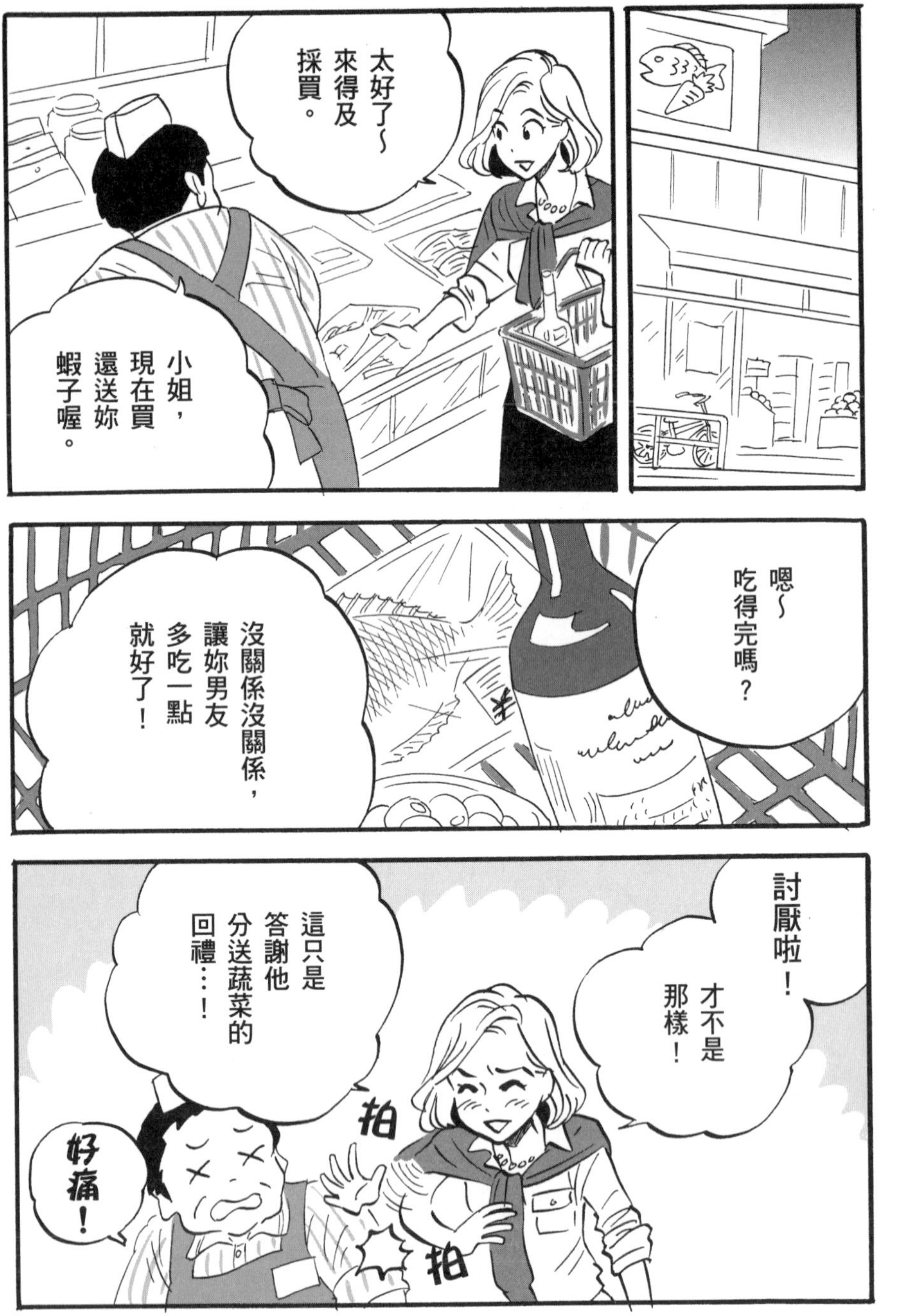
太好了～來得及採買。
小姐，現在買還送妳蝦子喔。
嗯～吃得完嗎？
沒關係沒關係，讓妳男友多吃一點就好了！
討厭啦！
才不是那樣！
這只是答謝他分送蔬菜的回禮…！
拍
拍
好痛！

我回來了。
一邊走向房間
一邊檢查郵件，
不需要的廣告
全丟進垃圾桶。
收到的
繳稅文件
放進待辦箱。
放上茶壺
開火煮水，
清空包包後
順手把
發票丟到
垃圾桶。
今天…
不卸妝，
只稍微
補補妝。
換上居家服後，
水剛好煮開，
在準備做飯前
喝紅茶休息。
到這裡花了
5分鐘!!
高舉

好！
招待準備完畢！
接下來是收拾廚房。
哎呀！
掉落
COOK
RECIPE BOOK
如果時間再多一點，也想做那本食譜裡的甜點。
難得他送了蘋果
蘋果派
叮咚

晚安，承蒙招待。
喀嚓
請進、請進。
房間稍微…也不亂啦！
這、
這裡…
真的是1個月前的那個房間嗎!?
當然！這就是整理課程的成果！

怎麼樣？改觀了嗎？
嗯！
真棒！
帥氣又迷人…這房間很有千秋小姐的風格。
心動
啊，不…既然是鄰居，如果妳開口，我也可以幫些忙的…！
整理很辛苦吧。
沒關係沒關係、不自己整理就沒有意義。
來請坐、請坐。
啊，對了，這是伴手禮。
啊！
謝謝，是什麼呢…
臉紅

這是我今天早上烤的蘋果派。
是在老家也常做的懷念滋味…希望妳會喜歡。
…!!
嗯！
讓我非常怦然心動！
END

後記

作為整理顧問，我透過整理看過許多顧客的人生漸漸變得怦然心動的過程。

工作、戀愛、人際關係……整理的魔法在人生所有場合都會發揮效果。

希望人生變得比現在更加怦然心動。如果你有這種想法，請試著按照漫畫內容開始整理環境，其效果一定會遠比你想像的更加美好。

但願整理能讓你的每一天得到許多的怦然心動。

近藤麻理惠（konmari）

「沒學過怎麼整理，因此不會整理方法是理所當然的。」

konmari小姐著作中的這一句話，讓不擅長整理的我嚇了一跳，同時也鼓舞了我。

各位讀者也請藉由本書，學習看看konmari小姐傳授的整理方法吧！

ウラモトユウコ

近藤麻理惠 [konmari]

整理諮詢顧問。從就讀幼稚園大班起就喜歡看《ESSE》、《ORANGE PAGE》等主婦雜誌。熱愛打掃、整理、烹飪、裁縫等家務，小學的時期過得就像在上「新娘訓練課」一樣。從國三開始認真研究整理之道，大二開始提供諮詢服務。自創「konmari式怦然心動整理收納技巧」，獲得「只要學會，就再也不會亂成一團」的好評，僅靠口碑擴展客群，因為上過整理課程的畢業生無人故態復萌而引發話題。2011年出版的第一本著作《怦然心動的人生整理魔法》銷售量突破一百萬冊，並決定在41個國家發行，其中英文版《The Life-Changing Magic of Tidying Up》在美國成為銷售量超過兩百七十萬冊的熱門暢銷書，引發了「kondo」變成整理代名詞的社會現象。系列續作《怦然心動的人生整理魔法2：實踐篇・解惑篇》、《你值得每一天怦然心動的生活》、《麻理惠的整理魔法：108項技巧全圖解》同樣備受好評。該系列於全球累積突破七百萬冊。2015年被美國《時代》雜誌列入「百大影響力人物」，引發熱烈討論。

●整理課程、講座洽詢
一般社團法人日本ときめき片づけ協會（日本怦然心動整理協會）
http://tokimeki-kataduke.com/

●著者HP
https://konmari.com/

ウラモトユウコ

漫畫家。日本福岡縣人。2011年獲得集英社「aoharu漫畫獎」大獎。作品有《彼女のカーブ》（太田出版）、《椿荘101号室》（マッグガーデン）、《かばんとりどり》（徳間書店）、《ハナヨメ未満》（講談社）。

漫畫版

怦然心動的人生整理魔法

2018年3月1日初版第一刷發行
2020年7月1日初版第四刷發行

著　者	近藤麻理惠
漫　畫	ウラモトユウコ
譯　者	鄭翠婷
編　輯	劉皓如
美術編輯	黃郁琇
發 行 人	南部裕
發 行 所	台灣東販股份有限公司
	＜地址＞台北市南京東路4段130號2F-1
	＜電話＞(02)2577-8878
	＜傳真＞(02)2577-8896
	＜網址＞http://www.tohan.com.tw
郵撥帳號	1405049-4
法律顧問	蕭雄淋律師
總 經 銷	聯合發行股份有限公司
	＜電話＞(02)2917-8022

TOHAN